原発と司法

国の責任を認めない最高裁判決の罪

樋口　英明

岩波ブックレット　No. 1103

はじめに

このブックレットを手にしているあなたに、2つ、お尋ねしたいことがあります。

一、原発の問題は難しいと思っていませんか?
二、原発はそれなりに安全につくられていると思っていませんか?

多くの方が、少なくともどちらかに「はい」とお答えになるのではないでしょうか。実は私もかつて、漠然とそう思っていました。「原発は複雑であり、科学技術の素人にはなかなか理解できない」「福島原発事故の被害が甚大だったのは確かだが、想定外の地震と津波が重なったせいではないか」「原発というものは基本的に、専門家たちがそれなりに安全に設計しているはずだ」と。

私は元裁判官です。福島原発事故の翌年の2012年11月30日に、住民側が関西電力を相手取って大飯(おおい)原発3、4号機の運転差止を求める訴えを福井地裁に起こしました。私はこの訴訟の裁判長を務めました。訴えが起こされてから約1年半後の2014年5月21日に住民側の請求を認めて、大飯原発3、4号機の運転を差し止める判決を出しました。

私は、この訴訟を担当したことで、最初の2つの問いに対する答えがはっきりと分かったのです。原発の「本質」さえ理解すれば、原発問題は決して難しくないことが分かったのです。そして原発の本質が分かったことで、我が国の原発がいかに危険であるかが分かったのです。

　私たちはなぜ「原発問題は難しそう」とか「それなりに安全につくられているはずだ」と思ってしまうのでしょうか。それは私たち自身の中にある先入観のせいです。詳しくはあとで述べますが、どちらも私たちの思い込みにすぎません。私は皆さんの先入観を１つずつ、溶かしていこうと思います。

　福島原発事故が起きたのは２０１１年。あれから十数年も経っているのに、どうして今このブックレットが出版されたのか。それは原子力行政だけでなく、最高裁を頂点とする司法までがおかしなことになってしまっていることを皆さんに知ってもらいたいからです。裁判所までが原発を容認し、そのあげくどこかの原発が地震や津波によって大事故を起こしたら、日本という国の歴史が終わってしまいかねない。私はそんな切迫した危機感を持っています。過去ではなく、現在進行形の問題です。

　このブックレットは講演録[1]を元に加筆したものですが、加筆するに当たって、あまり原発問題や原発訴訟になじみのない方にとっての入門書になるよう心掛けました。同時に、ある程度の知識がある方にとっては新たな視点が加わるのではないかと自負しています。そして、特に「多少のリスクはあってもエネルギー確保のために原発は必要なのでは?」とお考えの方に、是非ご一読いただきたいと思っています。

令和6年の能登半島地震

脱原発運動は、政治の場でも司法の場でも、社会運動の面でも大きな成果を上げることができなかったと思われがちです。確かに、政治や司法は原発の本質的な危険性や後世の人々の負担について熟慮することなく、原発の建設、運転を容認してきました。他方、社会運動の面では、住民の粘り強い反対運動によって50箇所を超える地域で原子力発電所の建設計画が白紙撤回されました。

もしも住民の反対運動がなければ、現在の17箇所の原発敷地にある54基の原発を遥かに超える原発が我が国の海岸沿いに林立したことは確実です。

2024年1月1日の午後4時10分、マグニチュード7・6の「令和6年能登半島地震」が発生しました。震源地である能登半島先端部にある珠洲(すず)市やその西隣の輪島市では極めて多くの家屋が倒壊しました。その被害は能登半島を中心として、倒壊、大破した家屋は2万7000棟に及び、200人を超える方が亡くなりました。地盤が大きく隆起し、その隆起の高さは最大5メートル、長さは90キロメートルにも及び、海岸線が地震の前に比べて250メートルあまり遠のいた所もあったのです。石川県の面積は福井県よりも狭かったのですが、今回の地震による隆起で、面積が逆転したといわれています。道路の寸断、斜面の崩壊、水道管の破裂等は無数でした。

1975年ころ、北陸電力、中部電力及び関西電力の3社が出資し、珠洲市内の高屋地区及び寺家（じけ）地区に珠洲原子力発電所の建設が計画されました（図1）。しかし、28年間にも及ぶ住民の粘り強い反対運動によって、その計画は２００３年に凍結されました。令和6年能登半島地震の震源は珠洲原子力発電所建設予定地の高屋地区の直下でした。また、震源から70キロメートル余り離れている志賀原発にも揺れが襲いました。

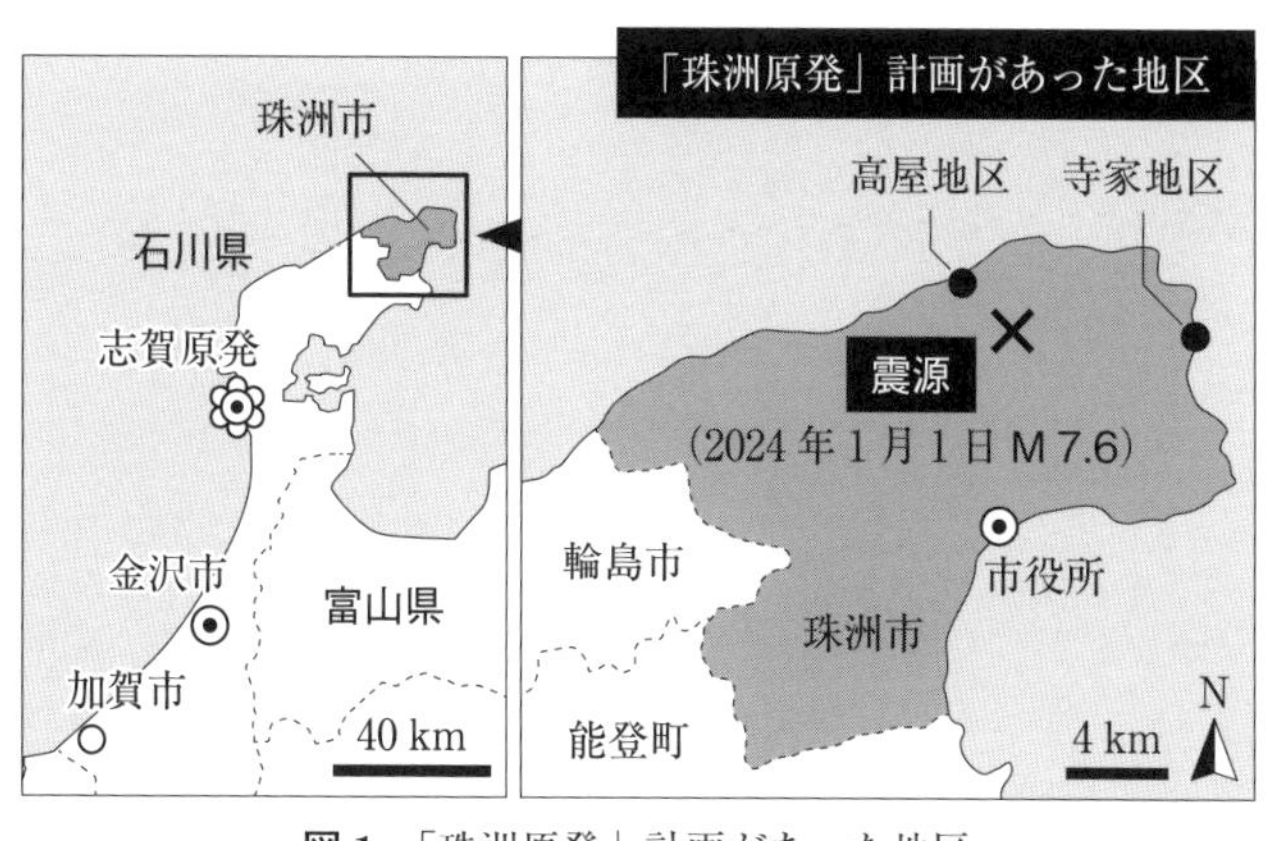

図1 「珠洲原発」計画があった地区
（https://www.tokyo-np.co.jp/article/304267　東京新聞）

珠洲原発

原発の仕組みは単純で、ウラン燃料の核分裂反応による熱エネルギーで水を沸騰させ、その蒸気でタービンを回して発電するのです。核分裂によるエネルギーはとてつもなく大きいため、制御棒をウラン燃料の間に入れて核分裂反応を「止めた」後も、電気で水を原子炉に送り込んでウラン燃料を「冷やし」続けない限り、ウラン燃料が原子炉内に「閉じ込められる」ことなく、自ら発する熱で溶け落ちてメルトダウンしてしまうのです。原発は「止める」「冷やす」「閉じ込める」という安全3原則を守ることが絶対に必要であり、このうちの1つでも失敗すれば過酷事故になるのです。

福島原発事故は、「止める」ことには成功しましたが、地震によって外部電源が断たれ、津波によって非常用電源も断たれたために原子炉を「冷やす」ことに失敗し、その結果、１号機から３号機までの３基の原子炉がメルトダウンして「閉じ込める」ことにも失敗してしまったのです。

　福島原発事故は、地震や津波によって原子炉が壊れたわけではないのです。停電しただけで過酷事故となったのです。原発以外の技術は運転の停止によって事故の拡大要因の多くが除去されて収束に向かいます。しかし、①原発は運転を停止した後も人が管理し続けないと暴走してしまい、②暴走したときの被害の大きさは想像を絶するものとなります。①②が原発の本質なのです。

　もしも、珠洲原子力発電所が建設され、稼働していたならば、直下で起きたマグニチュード７・６の地震によって「止める」ことさえできないだろうし、たとえ止めることができたとしても、配電・配管が損傷することによって「冷やす」ことに失敗し、福島原発事故を超える被害をもたらしたことは確実でした。福島原発事故では「東日本壊滅」の現実的な危機がありましたが、珠洲原子力発電所で事故が起きると「東日本壊滅」を超える危機に陥ったかもしれません。また、たとえ稼働していなくても、直下でマグニチュード７・６にも及ぶ地震が起きると原子炉自体が破損して「閉じ込める」ことができずに過酷事故に至る可能性が高いのです。今、この講演ができるのも珠洲原子力発電所建設の反対運動をしてくれた人々のおかげなのです。私たちは反対運動をしてくれた知られざるヒーローである人々に感謝しなければなりません。そして、誰よりも感謝しなければならないのは政府と電力会社です。もし反対運動がなければ、原発の過酷事故によって電力会社は破産し、広大な国土を失い、国自体が危うくなるところでした。政府と電力会社は命拾いしたのですから、まず迅速な復興に力を注ぐべきです。しかし、政府は被災された方々の救済や被災地の復興に力を注ぐことなく、電力会社と共に何が何でも再稼働するのだという姿勢を改めようとしません。とても愚かで冷酷な仕打ちです。

志賀原発

令和6年能登半島地震のマグニチュードは7・6という大規模なものでしたが、志賀原発は震源から70キロメートルも離れていたため、志賀原発では震度5強に留まりました。震度5強の上には震度6弱、震度6強、震度7があります。多くの国民は「よほど強い地震でない限り原発は大丈夫だ」と思っているはずです。しかし志賀原発では、震度5強程度の地震によって様々なトラブルが発生しました。気象庁によると、「震度5強は棚にある食器や本の多くが落ちる程度の揺れである」とされています。この程度の揺れであったにも拘わらず、1、2号機の外部電源を受け容れる変圧器から2万リットルを超える油漏れが発生し、外部電源の一部系統が使用不能となり、当初の北陸電力の発表によると「復旧には半年以上の時間を要する」とのことでした。外部電源は耐震性が低く、地震に襲われた際に鉄塔が倒れるなどして原子力発電所まで電気が届かないことが想定できます。しかし今回の地震で、志賀原発では原発の敷地まで電気が届いているにも拘わらず、原子力発電所の変圧器が地震によって損傷したため外部電源が断たれてしまうという想定外のことが起きたのです。そして、3・11当時の耐震設計基準を超えてしまいました。更に、北陸電力は地震発生から半年以上を経た7月24日になって、「設備の本格的な復旧には2

年以上かかる」と発表しました。

もしも志賀原発が稼働していたら、もしも稼動していなくても震源がもう少し近ければ、過酷事故となったおそれがあったのです。問題とすべきは、震度5強程度の地震によって、このような状況に陥ったということです。今回はたまたま震度5強に留まったが、それ以上の震度であった場合のことを想定しなければならないはずです。

2007年能登半島地震と井戸判決

2024年1月1日の能登半島地震が、「令和6年能登半島地震」と元号が付されたのは、2007(平成19)年にも「能登半島地震」と名付けられた地震があったからです。2007年3月25日に発生した能登半島地震は、志賀原発の北約20キロメートルを震源とするマグニチュード6・9の地震でした。地震規模は令和6年能登半島地震の約10分の1の規模でしたが[2]、震源から近かったこともあり、建設当初の耐震設計基準を超えてしまいました。

2007年能登半島地震のちょうど1年前の2006年3月24日に金沢地方裁判所の井戸謙一裁判長は北陸電力の地震想定が不十分であるという理由で志賀原発の運転差止判決を出しました。井戸裁判長が発した1年前の警告が的中してしまったわけですが、名古屋高裁金沢支部は2009年3月18日に、あろうことか井戸判決を取り消してしまいました。住民運動によって全国各地で原発の立地計画が白紙撤回される等の成果を上げる中、裁判所は原発の危険性に正面から取り組んだ井戸判決を取り消す等、原発の危険性に向き合う姿勢がないままに、2011年3月11日に福島原発事故が起きてしまったのです。

福島原発事故後に提起された志賀原発の運転差止裁判

志賀原発は現在稼働していないために、地震に襲われても「止める」ことに失敗する事故の心配はありません。また福島原発事故後12年余り動いていないことから、ウラン燃料が冷えているために、「冷やす」ことに失敗する事故の可能性も低くなっています。しかし、志賀原発が再び動き出せば、元も子もなくなってしまい、ごく短時間停電するだけで過酷事故になってしまうのです。

原子力規制委員会は、「志賀原発の敷地内の断層は活断層の疑いがある」との専門家の指摘を受けて、7年以上審議をしていましたが、２０２３年3月に「敷地内の断層はすべて活断層ではない」と判断し、再稼働の許可に向けて一歩踏み出していたのです。その矢先に「令和6年能登半島地震」が起きたのです。福島原発事故後の２０１２年に金沢地方裁判所に提起された志賀原発の運転差止訴訟では、裁判所は訴え提起後現在に至るまで、原子力規制委員会の審議の結果を待っていて裁判所が自ら再稼働の是非を判断することを避けているのです。住民が志賀原発の危険性を訴えて裁判所に助けを求めているにも拘わらず、これに応えようとしない裁判所の姿勢は許されないと思います。

いったん原子力規制委員会が許可を出せばせいぜい1年で原発は動き始めます。1年以内では判決は書けません。原発が動き始めた後に地震があったら裁判所はどう責任をとるのでしょうか。

地震が起きてから、そして事故が起きてから差止判決を出すのでしょうか。遅すぎる裁判は裁判の拒否と同じで、間違った裁判です。裁判所は地震のもたらす原発の危険性に向き合って、独自に、再稼働の是非を判断すべき権能と責任があるのです。そして、原発の危険性を判断することは決して難しい問題ではないのです。

原発の運転を止めるべき理由

私は、大飯原発の運転差止訴訟を担当しました。住民側の主張は、「大飯原発の敷地に強い地震が来れば、原発は耐えることができずに事故になって私たちの生活が奪われます。どうか、守ってください」というものです。これに対して、関西電力は次のように主張しました。「大飯原発の敷地に限っては強い地震は来ませんから、安心してください」と。原発差止訴訟の本質は、この電力会社の言い分を信用するか信用しないか、たったこれだけの話なのです。

原発を止めなければならない理由は、極めてシンプルです。

①原発の過酷事故の被害は極めて甚大である。
②したがって原発には高度の安全性（事故発生確率が極めて低いこと）が求められる。
③地震大国日本において原発に高度の安全性が求められるということは、原発に高度の耐震性が求められるということにほかならない。
④しかし、我が国の原発の耐震性は極めて低い。
⑤よって、原発の運転は許されない。

我が国の原発の耐震性

住宅の耐震設計基準は震度で示されますが、原発の耐震設計基準は加速度の単位であるガルで示されます。

次の表1は2000年以後の主な地震の加速度を示しています。なぜ、2000年以後となっているかというと、我が国は地震大国といわれながらも、地震観測網がなかったのです。1995年の阪神・淡路大震災を契機として、2000年ころ全国を網羅する地震観測網が整備されました。それ以前は「震度7は400ガル程度以上ではないのか」「重力加速度(980ガル)を超える地震はないのではないか」と考えられていたのです。

しかし、実際は表1にあるように1000ガルを超える地震は珍しくなく、震度7を記録した熊本地震も、北海道胆振（いぶり）東部地震も1700ガルを超え、令和6年能登半島地震では2828ガルが記録されました。最高は4022ガルの岩手宮城内陸地震です。この実情に照らしてハウスメーカーの中には5115ガルの耐震性を持つ住宅を建設しているところもあるのです。この表にある「※5115ガル」は原発の耐震設計基準ではなく、三井ホームの住宅の耐震設計基準です。その下の「※3406ガル」は住友林業の住宅の耐震設計基準です。

私が判決した大飯原発の建設当時の耐震設計基準は405ガルでした。判決当時は700ガルまで上がっていました。次の表2は代表的な原発の基準地震動の推移です。基準地震動とは原発の耐震設計基準を指します。

表1　2000年以後の主な地震

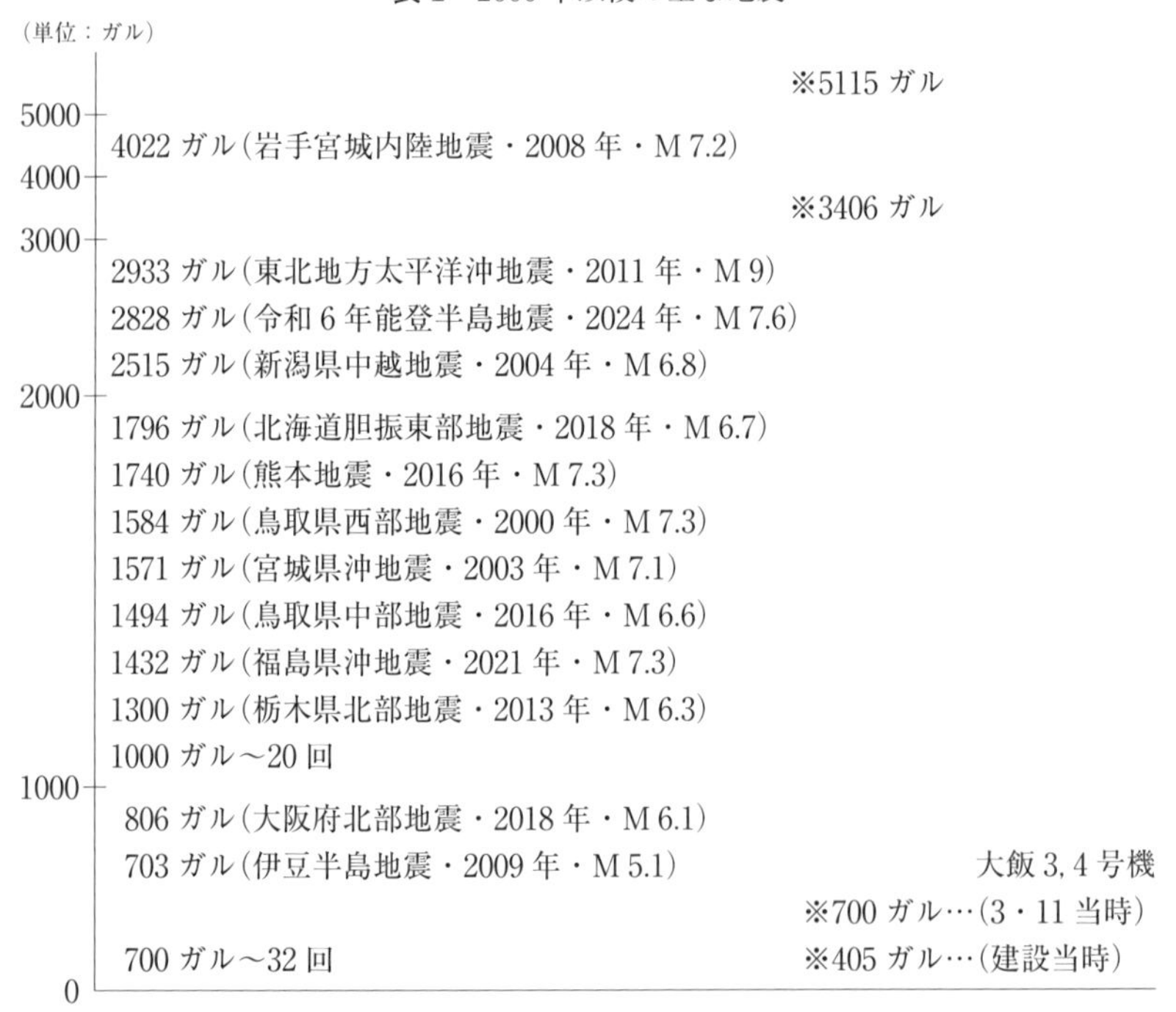

防災科学技術研究所「強震動観測網」を基に筆者作成，https://www.kyoshin.bosai.go.jp/kyosjhin/

老朽化するに従って耐震性が上がっていくという不思議で怪しげなことを重ねた後においても、なお６００ガルないし１０００ガル程度の耐震性しかないのです。

「原発事故のもたらす被害がとてつもなく大きいことは分かった。だからやめるしかない」と考える人々がいる一方で、「原発事故がもたらす被害が大きいのならばそれなりの安全性が確保されているはずだ」と考える人々も少なからずいるのです。危険には被害が大きいという意味と事故発生確率が高いという意味があり、被害が大きいものは人工物であっても自然現象であっても発生確率が低いのです。新幹線に大事故が少ないのも、人類の最大の脅威であるはずの巨大隕石の落下がめったにないのもその例です。そのために、多くの人が原発事故がとてつもない被害をもたらすことを知ったとしても、「原発の事故発生確率は低いはずだ」と思ってしまうのです。強固な先入観だといえます。しかし、原発だけは例外なのです。被害がとてつもなく大きく、耐震性が低いことから事故発生確率も高い、原発はいわば「パーフェクトの危険」といえるのです。

このように私が指摘すると必ずといっていいほど次の反論が返ってきます。地震計は普通の地表面における地震の強さを測っている。原発は強固な岩盤に建設されており、岩盤の揺れは普通の地表面の揺れよりも遥かに小さいから表1のように比べることはできない。このことは原発推進派だけでなく脱原発派を含めて広く信じられています[3]。

しかし、原発の耐震設計基準は低いのです。そのため、現に、全国にある17箇所の原発敷地のうち、志賀原発、女川原発、柏崎刈羽原発、福島第一原発の4つの原発で耐震設計基準を超える地震に襲われました。先ほど述べた志賀原発と女川原発はそれぞれ2回ずつ耐震設計基準を超える地震に襲われています。その中で、電力会社が力説するような「岩盤の

表2　基準地震動の推移

	建設当時	3.11当時	2024年2月時点
大飯3,4号機（福井県）	405ガル	700ガル	856ガル
福島第一1〜6号機（福島県）	270ガル	600ガル	／
美浜原発3号機（福井県）	405ガル	750ガル	993ガル
東海第二原発（茨城県）	270ガル	600ガル	1009ガル
伊方原発3号機（愛媛県）	473ガル	570ガル	650ガル

小岩昌宏・井野博満『原発はどのように壊れるか』原子力資料情報室（2018年3月31日発行）110頁を基に筆者作成

揺れは地表面の揺れよりも遥かに小さい」というような事例は1つもありませんでした。だから、普通の地表面で600ガルないし1000ガル程度の揺れをもたらすような地震、すなわち、やや強めの地震が起きれば、近くの原発の基準地震動を超えてしまうおそれがあるのです。そして、現在の地震学には、電力会社が言うような「この原発の敷地に限っては強い地震は来ません」といえる予知、予測をする能力がないことは明らかなのです。

運転差止訴訟を担当する多くの裁判官は、従来、「原発差止訴訟は専門技術訴訟である」という先入観から電力会社の地盤調査の方法の適否や基準地震動を求める計算方法等が正しいかどうかなどの専門技術分野を争点にしてきました。しかし、福島原発事故後の国民の最大の関心事は「原発は安全なのか」、すなわち「地震大国である我が国の原発の耐震性は高いのか低いのか」です。したがって、裁判所はまずこの点について判断する権能と責任があります。そして、基準地震動が低い数値の場合には、現在の地震学に将来到来する最大の地震動を原発敷地ごとに予測する能力があるのか、特にそのような低水準の地震動を基準地震動とすることを正当化できるほど地震学は成熟した学問なのかを科学的に判断しなければならないのです。

南海トラフ巨大地震と原発

2024年8月8日、宮崎県沖でマグニチュード7・1、最大震度6弱の地震があり、南海トラフ巨大地震の発生確率が高まったとしてこれに備えるように、とのアナウンスがされました。南海トラフ巨大地震は3・11の東北地方太平洋沖地震と同規模の地震で、その人的、物的損害は東北地方太平洋沖地震の10倍にのぼるといわれています。しかし、その被害想定の中には南海トラフ巨大地震の震源域にある伊方原発（愛媛県）と浜岡原発（静岡県）が事故を起こした場合の被害は含まれていません。原発が震源域にあるということは、原発の直下で地震が起きることも考えられるということです。そして、現在、浜岡原発は止まっていますが、伊方原発は稼働しているのです。

その伊方原発をマグニチュード9の南海トラフ巨大地震が直撃したとしても、四国電力も原子力規制委員会も「伊方原発の敷地に限っては181ガルを超える地震は来ません」と言っているのです。181ガルは震度5弱に相当し、気象庁によると、棚から物が落ちることがある程度の揺れです。一度でも真剣に地震観測記録を検討したことがある者なら、四国電力や原子力規制委員会の楽観ぶりに驚嘆することでしょう。南海トラフ地震に備えるべきだと言いながら、伊方原発の運転をどうすべきかという議論が一切なされていません。天気予報で「今日は午後から強い雨が降るでしょう。でも傘は要らないと思います」と言われたら誰でも「えっ」と思うでしょう。南海トラフ巨大地震に備えるということは、何をおいても伊方原発を止めるということにほかなりません。

私が講演を引き受けた理由

私は、福井地裁において裁判長として大飯原発の運転差止訴訟を担当して初めて原発の危険性を知りました。そこで、退官後も、原発の危険性を多くの方に知ってもらうことと、原発の運転差止の必要性を訴えるために講演活動をしたり、本を出版したりしました[4]。また、弁護士登録はしていませんが、原発運転差止訴訟についてアドバイザーとして関与しています。

原発の関連訴訟としては、原発の運転差止訴訟と、福島原発事故による損害賠償訴訟の2つがあります。私は、原発の運転差止訴訟にしか関与したことがないのですが、福島原発被害弁護団の小野寺利孝先生からお声をかけていただいたとき、福島原発事故の損害賠償訴訟を主たるテーマとするノーモア原発公害市民連絡会に是非とも参加したいと思ったのは、次の2つの理由によります。

原発運転差止訴訟は、まだ現実には発生していない原発事故による被害のおそれを理由として原発の運転の差止を求めるものです。他方、損害賠償請求は実際に現実に発生した原発事故による被害の救済を求める訴訟です。実際の裁判において、まだ現実に発生していない被害を想定して将来に向かって運転の差止が認められることは、過去から現在に至るまで現実に発生している被害、損害の賠償が認められることよりも難しいのです。これは法律家にとって常識ともいえます。したがって、最高裁が、原発事故による被害について国に賠償責任がないとする6・17最高裁判決を今後も維持することになれば、それは、原発運転差止訴訟にとっても大きな障害となるのです。なぜなら、過去のことを振り返り責任をとらせるべきかどうか判断する能力がない裁判官が、将来起こるかもしれない出来事について適切な判断ができるとは思えないからです。したがって、6・17最高裁判決は、原発運転差止訴訟においても、大きな障害であり、この障害を取り除かないと、原発運転差止訴訟の将来が見通せなくなるのです。これが、小野寺利孝先生から講演のご依頼を受けたときに喜んで引き受けた第1の理由です。

第2の理由は、原発運転差止訴訟が抱える問題も、原発の損害賠償請求が抱える問題も根本的には共通しているのではないかと思っているからです。ここでは第2の理由についてお話ししたいと思います。

先入観と原発の本質

大谷翔平選手の座右の銘は「先入観は可能を不可能にしてしまう」です。この言葉は大谷選手の高校時代の佐々木洋監督の言葉でもあります。大谷選手の高校時代の佐々木監督も日本ハムの栗山英樹監督も「プロ野球では二刀流は不可能である」との先入観を持っていませんでした。だから、大谷選手は大きな飛躍ができたのです。

私は、福島原発事故が起きるまで原発問題にさほど関心はありませんでした。その私でも、1号機と3号機の水素爆発の映像を見たときに日本の原発はこれで終わるだろうなと思いました。ところが、どっこいそうはいかなかった。福島原発事故後も、原発推進勢力は力を失うことなく、最近では原発の新増設まで言い出しました。

脱原発の最大の敵、障害物はなんでしょうか。

それは、電力会社でもなければ、原発回帰に舵を切った岸田政権でもありません。それは私たちの心の中にあるものです。先入観です。「福島原発事故の教訓を踏まえて原子力規制委員会ができたのだから、その原子力規制委員会の許可を得て動いている原発は高い安全性があるはずだ」という先入観、「日本人は大きな失敗から教訓を学ぶ賢さがある」との先入観、「政治家や裁判官など責任の重い人はそれなりの判断力や責任感があるだろう」という先入観です。そして、中でも一番強力な先入観は「原発問題は難しい」という先入観です。この先入観は原発推進派であろうが、脱原発派であろうが、無関心派であろうが全員が持っているのです。

しかし、原発は、決して難しい問題ではありません。たった2つの原発の本質を理解しておけばよいだけです。第1に原発には「止める」「冷やす」「閉じ込める」という安全3原則が要求されています。核分裂反応を止めても電気で水を原子炉に送り続けてウラン燃料を冷やし続けない限り、原子炉が空焚きになりその結果メルトダウンによって過酷事故に結びつきます。原発以外の技術の多くは運転の停止によって、その被害の拡大の要因の多くが除去されるのに対し、原発は自然災害や事故の際にも運転を停止するだけでは収束の方向に向かわず、原子炉が冷温停止状態に至るまで人の厳格な管理を要するという、私たちの常識が通用しない技術なのです。現に、福島原発事故は地震や津波で原子炉が壊れたわけではなく、単に停電しただけであれだけの事故になったのです

第2に、人が管理できなくなったときの事故の被害の大きさは比類がなく、放射能汚染による被害は一地方の存続を危うくするのみならず、我が国の存続を脅しかねないのです。現に、福島原発事故では現場の最高責任者であった吉田昌郎（まさお）所長も行政の最高責任者であった菅直人総理も「東日本壊滅」を覚悟したのです。福島原発事故では二度と起きることのない、信じられないような数々の奇跡によって東日本壊滅の危機を免れたのです。

原発の本質

①原発が人の継続的な管理を要するということ、②管理ができなくなって暴走した場合の被害の大きさは想像を絶するということ、この2つが理解できているかどうかが極めて重要なのです。この原発の本質が理解できているかどうかが、原発運転差止訴訟、福島原発事故に係る損害賠償請求の判断の分かれ目なのです。それだけではありません。原発を巡る最近の動きが正しい方向かどうかも原発の本質を分かっているだけで判断できるのです。

２０２２年2月から始まったロシア・ウクライナ戦争を機に天然ガスが値上がりし、火力発電所の燃料代が上がるにつれて電気代も高騰しました。そこで、「せっかく原発があるのだからこれを動かした方が得ではないか」ということで、原発回帰の動きに繋がりました。そして、原発の運転期間の「原則40年ルール」を変更して60年を超えるような老朽原発さえ動かしてもよいということになりました。また、防衛の重要性から「敵基地攻撃能力」の必要性がいわれるようになりました。

裁判では、避難計画の不備を理由として東海第二原発の運転差止を命じた水戸地裁２０２１年3月18日判決及び福島原発事故に関し東京電力の旧経営陣に対して13兆円余の支払を命じた東京地裁２０２２年7月13日判決が出ました。

これらの２つの判決は、原発の本質に対する正しい理解を示しています。すなわち、水戸地裁判決は、原発事故の被害の特異性について、「事故が起きた場合には原発の安全３原則である

「止める」「冷やす」「閉じ込める」を成功させかつこれを継続できなければ収束に向かわず、1つでも失敗すれば被害が拡大して、最悪の場合には破滅的な事故につながりかねないという、他の科学技術の利用に伴う事故とは質的に異なる特性がある」としています。

そして、株主代表訴訟東京地裁判決も判決の中で「原子力発電所において、ひとたび炉心損傷ないし炉心溶融に至り、周辺環境に大量の放射性物質を拡散させる過酷事故が発生すると、……地域の社会的・経済的コミュニティの崩壊ないし喪失を生じさせ、ひいては我が国そのものの崩壊にもつながりかねない」と判示しています。これらの判決には原発の本質に対する正しい認識があるといえるのです。

天然ガスが値上がりしたから原発を稼働させた方がコスト的に得だという考え方は果たして正しいでしょうか。原発事故は多くの人の生命、健康、生活基盤を奪うことからすると、コスト的に見合うかどうかを論じるべきではありません。しかし、ここでは敢えてコストを取り上げてみます。福島原発事故によって一切の健康被害が生じなかったという前提でも少なくとも25兆円の損害が発生したのです。東京電力の年間売上高は5兆円、利益率は約5パーセントで、年間の利益は2500億円ですから、東京電力は福島原発事故で100年分の利益を吹き飛ばしたことになります。コスト的に見合うわけがないのです。東京に一番近い茨城県の東海第二原発で福島原発事故と同規模の事故が発生した場合、その経済的損失は665兆円と試算されています[5]。

日本国の年間予算は約110兆円ですからその6年分の経済的損失です。我が国は確実に破綻します。この点からもコスト的に全く引き合わないことが明らかです。

なぜ、老朽原発の運転は許されないのでしょうか。

原発は人が管理し続けない限り暴走するからです。

例えば、トラブルが生じたとき、火力発電所なら火を止めれば安全になり、自動車ならエンジンを切ってＪＡＦを呼べば解決し、家電でもコンセントから電源コードを抜いてしまえば安全になります。

しかし、原発は運転を止めるだけではだめで、電気と水で原子炉を冷やし続けない限り大事故になるのです。単に停電したり断水したりするだけで大事故になってしまうのです。つまり、原発は何があっても人が管理し続けないといけないのです。

自民党政権は老朽原発を積極的に動かそうとしています。

老朽化した原発は老朽化によるトラブルが生じたときに運転を止めれば安全の方向に向かう老朽化した自動車や家電とは全く違うのです。老朽化した原発は、老朽化した旅客機に似ているのです。老朽化した旅客機は、飛行中のトラブルが飛躍的に増加します。老朽化するということは、いわゆる想定外のトラブルが次々に起きることが想定されるということなのです。

50年前に製造された飛行機が飛行中に次々にトラブルが生じコントロール不能となった場合を想像してみてください。老朽原発は絶対に運転させてはいけないのです。

ロシア・ウクライナ戦争で最も重要なことは天然ガスが値上がりしたことではなく、ロシアがザポリージャ原発を攻撃目標にしたことです。ウクライナはほとんど無抵抗なままこの重要な施設を明け渡しました。

もし、ウクライナが抵抗し、ロシア側の砲弾やミサイルが原子炉に着弾した場合、また電気施設に着弾して停電することによっても過酷事故になるのです。従業員も逃げることが可能であっても逃げ出せないのです。なぜなら、従業員が逃げ出せば、原子炉が管理できなくなることによって、原子炉が暴走することを知っているからです。

ヨーロッパで最大のザポリージャ原発が過酷事故を起こせば「東ヨーロッパ壊滅の危機」に陥るのです。東ヨーロッパが壊滅するかもしれないのに、天然ガスや電気代のことばかりが注目されているのは完全にピントがずれています。

また、現政権は原発を50基余も海岸沿いに並べておいて、「敵基地攻撃能力」の必要性を説いています。原発を動かしつつ、敵基地攻撃能力の必要性を説くことは大きな矛盾といわざるを得ないのです。

これを矛盾なく説明しようとするならば、現政権は「仮想敵国やテロリストは我が国の原発を攻撃することはない」というテロリストたちに対する強い信頼を持っているということになります。

「原発は自国に向けられた核兵器」なのです。我が国は海岸沿いに50基余もの原発を並べてしまったことで、もし戦争が始まったら確実に敗戦となるのです。原発を除去することが国防上最優先であり、原発を除去するのに、戦略も難しい外交交渉も膨大な防衛費も必要ないのです。豊かな国土を次の世代に受け継いでいこうという精神さえあれば容易に実現できるのです。

２０２２年６月17日最高裁判決

６・17最高裁判決の多数意見は、「たとえ経済産業大臣が東京電力に適切な津波対策を講じることを命じたとしても福島原発事故は防ぐことはできなかった」という理由で住民側の国家賠償請求を棄却しました。それに対して、三浦守裁判官は「国の賠償責任を認めるべきである」との反対意見を述べました。多数意見の裁判官と反対意見の三浦裁判官の違いを私たちはどのように捉えたらよいのでしょうか。

多数意見の裁判官には原発の本質に対する理解、つまり、原発は単に停電するだけで暴走すること、暴走した場合の被害は想像を絶するほど甚大であることの認識が欠けていたのです。他方、反対意見の三浦裁判官はこの原発の本質についてきちんと理解ができていたのです。多数意見の裁判官と反対意見の三浦裁判官の違いは、この点にあります。

福島原発事故の状況

文部科学省の機関である地震調査研究推進本部（以下「推進本部」）は、２００２年7月、福島県沖で、マグニチュード８クラスの津波を伴う大地震が発生する可能性があると予測しました。長期評価といわれるものです。

福島第一原発の原子炉等のある敷地は海面から約10メートルの高さにありますが、東京電力がこの長期評価に基づいて津波の試算を行ったところ、1号機から4号機がある敷地の南東側前面で海抜15・7メートルに達することが判明しました。しかし、東京電力は、この試算津波に基づく対策を講じることはありませんでした。電気事業法40条に基づく規制権限を有している経済産業大臣も、東京電力に対して津波対策を命じませんでした。

こうして何らの津波対策がとられることなく、２０１１年３月11日午後２時46分に、マグニチュード９・０の巨大地震が起き、東北地方の広い範囲で震度６の地震が襲い、福島第一原子力発電所において外部電源はすべての経路が地震による鉄塔の転倒などによって断たれてしまいました。そこで非常用電源が動き始めましたが、地震発生から約50分後の午後３時36分ころ、15メートルを超える津波が押し寄せ、１号機から４号機までの各建屋の１階ないし地下にあった非常用電源がすべて浸水し、その機能を失いました。要するに完全に停電してしまったのです。そのため、原子炉を冷やすことができなくなり、１号機から３号機までのウラン燃料がメルトダウンしました。さらに、２号機では格納容器が爆発寸前となり、４号機では使用済み核燃料プールが冷却できなくなりました。しかし、これらの危機は信じられないような奇跡の連続によって破滅的な状況を免れたのです。

４号機の奇跡

４号機でも奇跡がありましたが、その奇跡は「天の配剤」としか言い様のないものだったのです。

３月11日当時、４号機は定期点検中であり、原子炉の「シュラウド」の中にあったウラン燃料は、エネルギー量が落ちて、電気を起こしにくくなったため、図２に示す格納容器の隣の使用済み核燃料貯蔵プールに入れられていました。そして、ウラン燃料を入れておく箱であるシュラウドの取り替え工事をしていました。使用済み核燃料貯蔵プールでも全電源喪失により循環水の供給が停止しました。使用済み核燃料は使用中の核燃料に比べエネルギー量が落ちています。そのため、循環水の供給が断たれても時間単位でメルトダウンに至ることはありませんが、3月15日になるとプールの水が干上がることによる放射性物質の大量放出が危惧されるようになりました。

しかし、使用済み核燃料貯蔵プールに隣接する原子炉ウェルにシュラウドの取り替え作業のために普段は張られていない水が張られていました。そして、使用済み核燃料貯蔵プールと原子炉ウェルを隔てている仕切りがずれるという本来あってはならないことが起き、原子炉ウェルから使用済み核燃料貯蔵プールに水が流れ込みました。しかも、原子炉ウェルの水はシュラウドの取り替え工事が予定よりも遅れたために残っていたもので、本来だと3月7日には水は抜かれていたはずでした。原子炉の運転ができないと電力

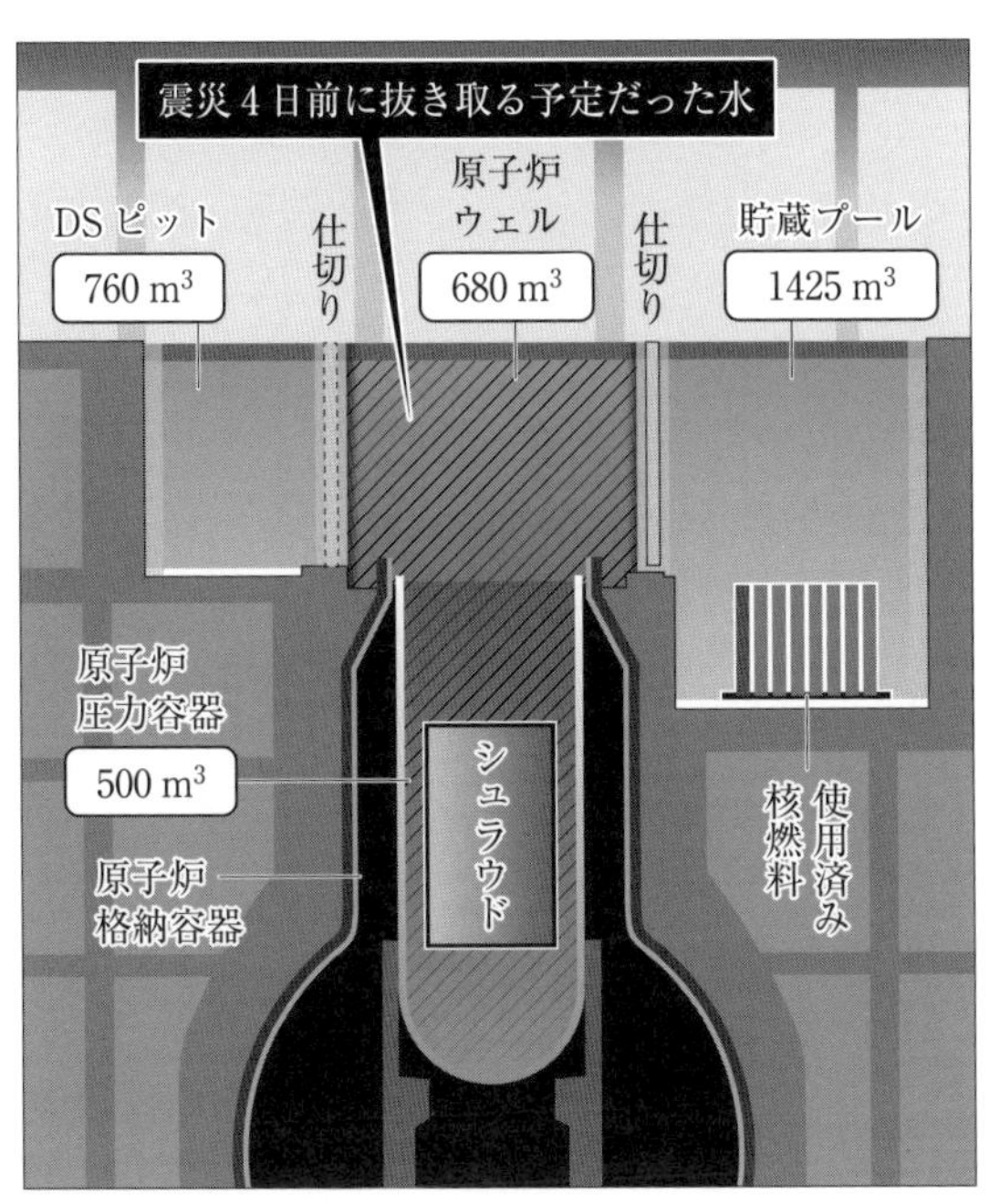

図2　震災当日の4号機の水の状況

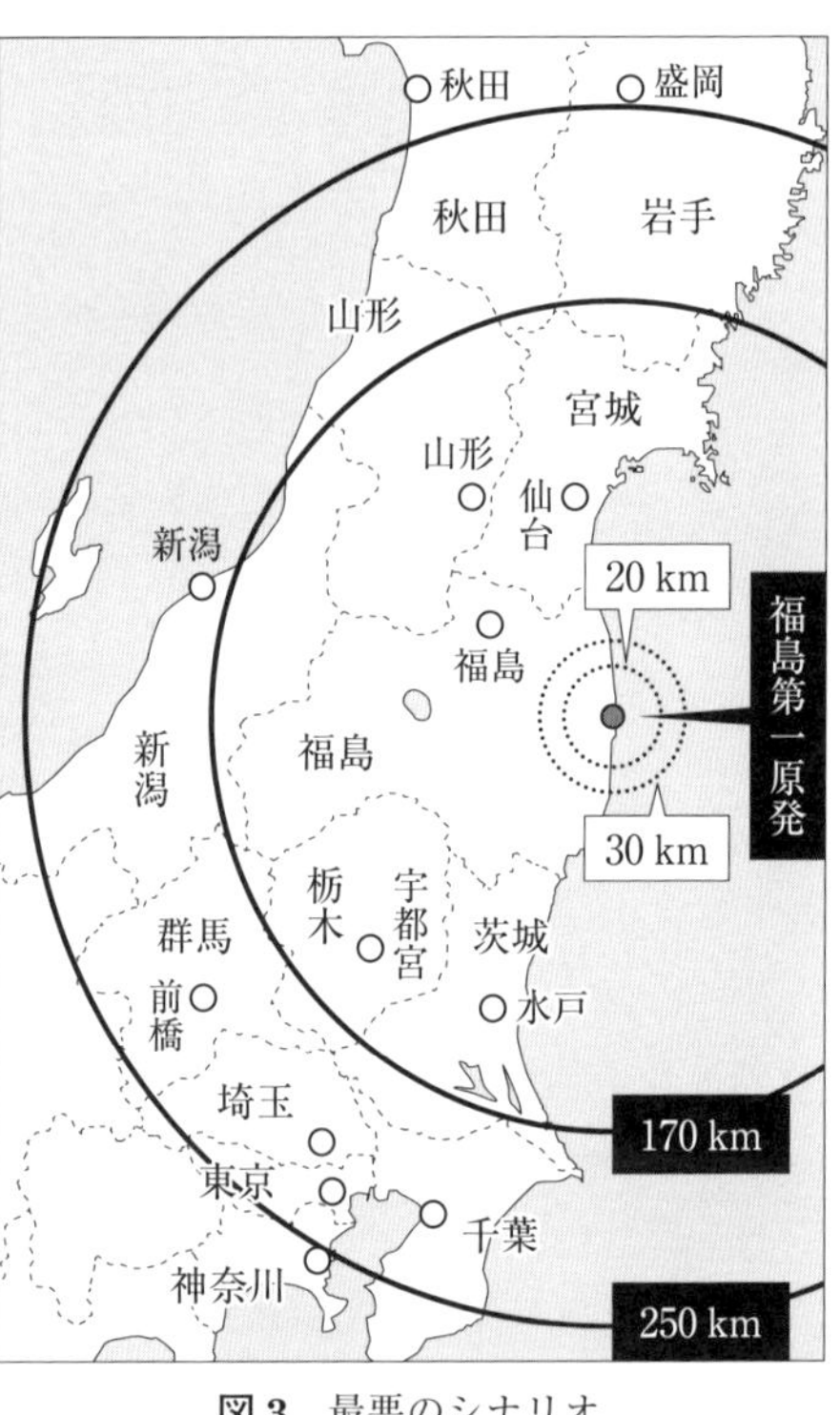

図3　最悪のシナリオ

会社は一日あたり何億円も損害を被りますから、工事が遅れるということはあってはならないことなのです。ここでもあってはならないことが起きて、水が原子炉ウェルに残っていたのです。

近藤駿介原子力委員会委員長は菅直人総理からの要請により福島原発事故から想定される被害規模の見通しを報告しましたが、想定のうち、最も重大な被害を及ぼすと考えられていたのはこの4号機の使用済み核燃料貯蔵プールからの放射能汚染でした。なぜなら、使用済み核燃料は使用中の核燃料に比べエネルギー量は落ちていますが、ヨウ素１３１、セシウム１３７、ストロンチウム90等の核分裂生成物いわゆる死の灰を多く含むために、使用中の核燃料よりも大きな健康被害をもたらすのです。

近藤委員長は、強制移転を求めるべき地域が１７０キロメートル以遠にも生じる可能性や、住民が移転を希望する場合にこれを認めるべき地域が東京都のほぼ全域や横浜市の一部を含む２５０キロメートル以遠にも発生する可能性があるとしました（図３）。これは「東日本壊滅」にほかなりません。

２５０キロ圏内には４０００万人以上の人が住んでいます。この被害想定は、４号機で１９７８年の運転開始後初めてのシュラウド取り替え工事があり、更にその工事が遅れたため本来なら抜かれていた水があり、また仕切りがずれるという、まさに天の配剤によって「東日本壊滅」の危機を免れたのです。

しかし、その使用済み核燃料貯蔵プールに流れ込んだ水も、使用済み核燃料の発する熱によりまた何日かすれば蒸発してなくなることが予想されました。危機は続いていたのです。４号機の建屋で水素爆発がありましたが、この原因も明確ではありません。その爆発によって使用済み核燃料貯蔵プールの天井が吹き飛びましたが、爆発の規模がちょうど良かったのです。なぜちょうど良かったかというと、仮に、より大きな規模の爆発だったら核燃料貯蔵プールが壊れていたかもしれませんし、また仮に、より小さな爆発だったとしたら天井が吹き飛ぶことはなかったはずです。

その吹き飛んだ天井部分からポンプ車で水を入れることが可能になったのです。ところが、当時、日本ではポンプ車のブームの長さが最大33メートルに制限されていたため、効果的な注水が難しかったのです。そのとき、中国企業である三一重工が福島原発事故の危機的状況を知り、中国国内にあって、ドイツに輸出しようとしていたブーム62メートルのポンプ車を急遽、福島第一原発に発送してくれました。ドイツも快くキャンセルに応じてくれました。そのポンプ車の威力は絶大で、後に「大キリン」と名付けられました。大キリンは三一重工から輸送費も含めて無償で提供されたもので、現在も、緊急事態に備えて福島第一原発に置かれています。

このように信じられない数々の奇跡が重なって初めて250キロ圏内住民避難の危機は回避されたのです。奇跡のうち1つでも欠ければ東日本壊滅は現実のものとなっていただろうし、仮に不運が重なった場合には「令和」という時代を迎えることなく、我が国の歴史は断たれてしまったかもしれないのです。

原発事故がこれだけの被害を及ぼすのは、原発がウラン燃料を核分裂させることによって発電しているからです。現在では、原発は一基あたり100万キロワットが標準的な規模となっています。それを一基、1年間動かすと、1000キログラムのウランを核分裂させることになります。広島に投下された原爆はウラン1キログラムが核分裂したものです。原発では1年間で広島型原爆の実に1000倍のウランが核分裂されることになり、その核分裂された分だけセシウム137やストロンチウム90等の死の灰を生成します。生成された死の灰は元のウランよりも遥かに毒性が高まるのです。このことが原発事故の被害の大きさに直結するのです。福島原発事故では、広島型原爆の170倍もの死の灰が大気中にまき散らされました。死の灰の約8割は、そのときの風向きによって、太平洋に流れ、約2割が広く日本の国土に拡散しました。広島型原爆の30発分以上の放射性物質により15万人以上の方が避難を余儀なくされたのです[(6)]。

政府は、「原子力緊急事態宣言」を発令し、一般人の被ばく限度の基準を一気に20倍も緩和し、原発の作業員と同じく1年間で20ミリシーベルトまでよいことにしましたが、今でも帰還困難区域という名の無人の土地が広がっています。その広さは東京ドーム7200個分に相当します。

あのとき、風が海から陸に向かって吹いていたとしたら、広島型原爆の100発分を超える死の灰が国土に降ることになったはずです。また、2号機の格納容器が爆発していたら、そのことが、他の原子炉のコントロール不能を招き、その結果、福島第一原発の原子炉6基、福島第二原発の4基の原子炉も暴走したであろう……と考えるだけで、「東日本壊滅」や吉田所長が言った「チェルノブイリの10倍」がいかに現実的でさし迫ったものであったかが理解できると思います。

当時の総理大臣であった菅直人氏は3月15日東京電力本社に乗り込んだ際、東京電力幹部に向かって「事故の被害は甚大だ。このままでは日本国は滅亡だ。撤退などあり得ない。命がけでやれ」と叫びました。当時、東京電力の幹部たちが現場からの撤退を考えていたかどうかについては、はっきりはしませんが、総理大臣が我が国の滅亡の可能性を認識していたことは紛れもない事実なのです。

「東日本壊滅」は、当時の現場の最高責任者である福島第一原発の吉田昌郎所長、日本の原子力行政のトップである近藤駿介原子力委員会委員長、日本の行政のトップである菅直人総理の3名が口をそろえて言っていることなのです。そして、東日本壊滅は我が国の崩壊に直結するのです。我が国の歴史上最大の危機は、先の大戦でも蒙古襲来でもありません。2011年3月15日が最大の危機だったのです。このように原発事故における被害の大きさは想像を絶するものです。

本件訴訟の争点と多数意見

この訴訟においては、①地震調査研究推進本部が出した長期評価は信用に値するものであったかどうか、②仮にその長期評価が信用できるとした場合、経済産業大臣が東京電力に対し、津波対策を命じるべきであったかどうか、③仮に、経済産業大臣が津波対策を命じたとしたら、福島原発事故は防ぐことができたのか、が争われました。

多数意見は、①、②の争点についてはは判断を示しませんでした。そして、仮に、経済産業大臣が津波対策を命じたとしても津波の浸水による非常用電源の機能喪失に起因する福島原発事故を防ぐことはできなかったとして、③の経済産業大臣の津波対策を命じなかったことと福島原発事故の発生の間に因果関係がないとして国の賠償責任を否定しました。

その理由の前半は、「仮に、経済産業大臣が規制権限を行使した場合には、福島原発事故以前の我が国における原子炉施設の津波対策は、防潮堤を設置することによって敷地への海水の浸入を防止することが基本となるものであったはずである。そして、この基本的措置では対策として不十分であるとの考え方が有力であったとはいえない」というものです。

また、理由の後半では、「仮に、経済産業大臣が津波対策を命じたとしても、設置された防潮堤は、南東側の津波高を15・7メートルと予想してそれにやや余裕をもって南東側の防潮堤の高さは決められるであろうが、東側の防潮堤の高さは15・7メートルよりも低く設置されたはずである。しかし、実際には東側からの津波の高さは15メートルに及んでいるから、仮に、経済産業大臣が津波対策を命じていたとしても、東側からの15メートルに及んだ津波は防ぐことができず、非常用電源の喪失は免れなかった」という趣旨が述べられています。

多数意見の問題点

多数意見には次の2つの問題があります。

1番目の問題は、経済産業大臣が津波対策を命じていたとしても、福島原発事故を防ぐことができなかったということについて、前半の理由付けにも後半の理由付けにも、全く説得力がないということです。

2番目の問題は、多数意見が、①本件長期評価の信用性の有無、②経済産業大臣は津波対策を命じるべきであったか、について判断していないことです。

多数意見の前半（事故前の津波対策）

まず、1番目の問題である説得力について考えてみます。多数意見は「本件原発事故以前の我が国における原子炉施設の津波対策は防潮堤の設置によって海水の浸入を防止することを基本とするものであった」としています。

しかし、高裁では防水扉を取り付けるなどの水密化という技術が有効な手段であると認定されています。そもそも、最高裁は民事訴訟法321条によって高裁と違う事実認定をすることはできません。多数意見はこの条文を無視して、最高裁独自の「水密扉等の水密化工事は効果がない」という認定をしてしまったのでしょうか。こうなると明確な民事訴訟法違反です。私は、最高裁が明確な民事訴訟法違反を犯したという可能性よりも、もう1つの可能性の方が強いと思っています。それは、多数意見は、有効な津波対策として防潮堤建設及び水密化対策があるという高裁段階での事実認定を踏まえた上で、防潮堤建設が基本型であり、防潮堤建設に加え水密化対策をとることはいわば進化型であると位置付けていたという可能性です。多数意見は、「原発の津波対策としては、進化型の対策をとることまでは必要とせず、基本型の対策で足りる」との法的判断を示したと解されるのです。

この多数意見の法的判断は、先に述べた原発の本質についての基本的理解が欠けたものといわざるを得ないのです。原発は、人が管理して電気で水を原子炉に送りウラン燃料を冷やし続けない限り大事故となり、我が国の崩壊に繫がりかねないのです。

東京電力の経営陣も東京電力を指導すべき立場にある経済産業大臣もそのことを当然に理解していなければならないはずでした。そして、原発がそのような本質を有することを前提として原子力基本法、原子炉規制法、電気事業法は制定されたはずです。

しかし、多数意見は、福島原発事故を経験したにも拘わらず、原発の本質に対する理解を欠き、原発を火力発電所と同列に、あるいはゴミ処理場等のいわゆる迷惑施設と同列のものと捉えているといえるのです。例えば、大量の煙を出す迷惑施設の対策として、その煙が深刻な健康被害をもたらさないということならば、「煙突を高くすることが基本型であり、それに加えて進化型である煤煙の除去装置を設置する必要はない」という解釈はできます。この解釈は飽くまでもその煙が深刻な健康被害をもたらさないということが前提となります。

我が国の四大公害裁判のうち、いわゆる「四日市ぜんそく訴訟」について津地裁四日市支部は、今回の最高裁判決から遡ること50年前の1972年7月24日、次のように判示し、この判決は上訴されることなく確定しました。

……少なくとも人間の生命、身体に危険のあることを知りうる汚染物質の排出については、企業は経済性を度外視して、世界最高の技術、知識を動員して防止措置を講ずべきであり、そのような措置を怠れば過失は免れないと解すべき……

この津地裁四日市支部判決は、原発事故の防止対策の問題について、次のように言い換えることができます。

……人間の生命、身体に極めて広範囲に深刻な危険を及ぼすことが知られている放射性物質に係る事故防止については、企業は経済性を度外視して、世界最高の技術、知識を動員して事故防止措置を講ずべきであり、そのような措置を怠れば過失は免れないと解すべきである。

この津地裁四日市支部判決と多数意見とを見比べると、最高裁が50年間少しも進歩していないだけでなく、劣化したのではないかとさえ思えるのです。

「福島原発事故当時の津波対策の基本的な技術水準としては防潮堤を築くことであった。だから、防潮堤を築くという対策で足りる」とするのは、繰り返しになりますが、原発の本質を全く理解しておらず、原発を単なる迷惑施設としか捉えていない何よりの証拠です。四日市ぜんそくは多くの人に重大な健康被害をもたらしましたが、その被害は四日市市の南部と隣接町村に限られていました。しかし、福島原発事故による被害の規模は被災者の数からしても地域の広さからしても比較にならないのです。福井地裁の２０１４年５月21日の大飯原発運転差止判決が示したとおり、福島原発事故は「我が国始まって以来最大の公害、環境汚染」なのです。このような極めて広範な健康被害をもたらし、国の崩壊さえ招きかねない事故の防止策として基本的な防止策では足らず、世界最高水準の技術を用いなければならないことは当然の要求といえるのです。そこで、経済産業大臣の津波対策の命令に対して東京電力がとるべき技術の中に、事故当時において有効性が確認されていた水密化が含まれることはあまりにも明らかなことです。その水密化を否定した最高裁の多数意見が間違ったものであることは、既に50年前の津地裁四日市支部の判決によって示されているのです。

多数意見の後半（防潮堤の高さ）

また、多数意見は、「経済産業大臣の津波対策の命令があったとしても、東側の防潮堤の高さは15メートルよりも低く建造されたはずであるところ、実際には東側からの津波が15メートルを超えたため浸水を防ぐことはできなかったはずだ」という理由によって経済産業大臣が津波対策を命じなかったことと福島原発事故との間の因果関係を否定しました。

仮に、多数意見のとおり、基本型である防潮堤の建造だけがとるべき対策であったとしても、長期評価は既に２００２年７月には出ていたのですから、２０１１年３月以前に防潮堤は完成していたはずです。ところが、多数意見は「経済産業大臣が津波対策を命じていたとしても、建造されたであろう防潮堤は南東側が15・7メートルを超え、東側はそれよりかなり低い高低差のある防潮堤になっていたはずだ。しかし、実際には南東側からではなく東側から15メートルに及ぶ津波が押し寄せたので防潮堤によって非常用電源を守ることはできなかった」というのです。

しかし、多数意見がいうような高さが均等でない防潮堤を私は今まで見たことがありません。津波が来る方向も津波の高さも完全には予測できないことから、通常は、予測された高い方の南東側に合わせて、東側も海抜15・7メートルを超える防潮堤を築くはずです。

高低差のある防潮堤は高低差のない通常の防潮堤よりも経済的には安くつくかもしれません。しかし、津地裁四日市支部判決は、人間の生命、健康に関わる事故に関しては「経済性を度外視して」事故防止措置を講ずべきだとして、建造費のわずかな増額を惜しむことを、明確に禁じていたのです。防潮堤の建造だけが津波対策であるとする多数意見に従ったとしても、仮に、東京電力が経済産業大臣の命令に応じて、予測された15・7メートルの津波に備えるために高低差のない通常の防潮堤を築いていたならば福島原発事故は防ぐことができたはずなのです。経済産業大臣が津波対策を命じてさえおれば、水密化工事をしなくても、高低差のない通常の防潮堤だけで浸水による非常用電源の喪失を免れ、福島原発事故を防ぐことができたことになるのです。以上が多数意見の判決の内容と問題点です。

多数意見は、①長期評価の信用性の有無、②経済産業大臣の義務違反の有無という2つの争点については全く判断していません。そして、3つ目の争点である③「経済産業大臣が津波対策を命じていたとしたら、福島原発事故は防ぐことができたのか」という因果関係の有無についてだけ判断したものの、その理由付けには全く説得力がないのです。3つの論点のうち2つの論点について判断せず、しかも残りの論点についても説得力がないということは、分かりやすく言えば、多数意見の裁判官は司法試験に確実に不合格となるレベルなのです。

そして、最高裁の多数意見がおかしいことは、津地裁四日市支部の判決を持ち出すまでもなく皆さんの良識だけで分かる問題なのです。タクシーの運転手も人の命を預かっていることから重い責任を負っていると言えますが、何百人もの乗客の命を預かっているパイロットの責任は遥かに重いのです。そして、人の管理を外れれば我が国の崩壊を招きかねない原発を運営している電力会社とそれを国策として進めてきた国の責任はパイロットの責任よりも更に重いのです。津波を伴う地震が来れば、外部電源も非常用電源もだめになることも、そうなれば我が国の崩壊を招きかねない事態に至ることを東京電力も国も分かっていたはずです。そして、高低差のない堤防を築いたり、非常用電源を高所にも設けるなどの措置は素人でも容易に思いつくことなのです。それらの対策のいずれもとらなかったのは愚かでかつ極めて無責任です。それでも構わない、それでも責任を負わなくてもよいと最高裁多数意見は言っているに等しいのです。私たちの良識はこれを認めるわけにはいきません。

三浦反対意見

多数意見の問題点を指摘し、正しい判断を示したのが三浦守裁判官です。

三浦裁判官の反対意見の要旨は、次のとおりです。

①長期評価には信用性がある。②遅くとも本件長期評価の公表から1年を経過した2003年7月頃までの間に、経済産業大臣は東京電力に対し、津波対策を命じる必要があった。③その命

令の内容は、法令の趣旨、目的を踏まえ、具体的な事情の下で、原子炉施設等の安全機能が損なわれることや、取り返しのつかない深刻な災害を確実に防止するために必要かつ適切な措置として合理的に認められるものを対象とすべきであるから、防潮堤の建造に加え、当時その有効性が認められていた水密化対策を含む対策がとられるべきであった。

三浦裁判官には、原発の本質に対する明確な認識があったといえます。三浦裁判官は、「原子力基本法をはじめとする諸法は過酷事故が万が一でも起こらないようにするための法規制にほかならず、その一環として経済産業大臣に権限が付与された法の趣旨は原子力災害が万が一にも起こらないようにするためである」との正しい理解に立っています。そして、そのような解釈をとるべき根本理念としては、「生存を基礎とする人格権は、憲法が保障する最も重要な価値であり、これに対し重大な被害を広く及ぼし得る事業活動を行う者が、極めて高度の安全性を確保する義務を負うとともに、国が、その義務の適切な履行を確保するため必要な規制を行うことは当然である」との憲法の規範があることを三浦意見は指摘しています。

多数意見と三浦意見の対比

本判決は54頁にわたるものですが、その内の半分を超える約30頁を三浦裁判官の反対意見が占めています。

しかも、その三浦反対意見には、法令の解釈及び事実認定まで詳細に述べられていて、その体裁は一個の完結した判決に近いものとなっているのです。三浦裁判官は、多数意見の内容に到底承服できなかったことから、自ら判決を書いて見せるしかないと思ったのではないかと推察されます。

三浦意見は、分量が多いだけではなく、格調の高さ、論理一貫性、具体性のすべてにおいて多数意見を遥かに上回っており、かつ、その説得力は極めて高いといえます。

裁判官の能力は自らが書いた判決の質の高さによって示されることは誰も否定できません。優れた判決を書くことは極めて高い能力が求められ、裁判官である以上、定年のその日までその能力を磨き続けるべきです。

そして、優れた判決を書くことに劣らず重要なことは、合議の裁判において、他の裁判官の意見を虚心坦懐に聴いて、自分の意見を修正することができることです。司法修習を経ただけの新任裁判官(左陪席)が重要事件の合議において、裁判長や右陪席と同じく1票を投じることができるという制度は、新任裁判官が優れた判決を書く能力を欠いていたとしても、他の裁判官の意見を虚心坦懐に聴いて、自分の意見を修正したり、意思を固めていく能力があることを前提としています。

三浦反対意見は極めて優れています。他の3名の裁判官(菅野(かんの)博之裁判長、岡村和美裁判官、草野耕一裁判官)には、優れた判決を書く能力が欠けていただけでなく、三浦裁判官の意見を虚心坦懐に聴いて、自分の意見を修正していく能力も欠けていたということになります。

しかも、三浦裁判官の反対意見は判決に近い体裁をとっているのですから、多数意見と照らし合わせればその優劣は明らかですが、3名の裁判官にはその優劣さえも分からなかったということになってしまうのです。

なぜ、そのようなことになってしまったのでしょうか。その理由は、多数意見の3名の裁判官の原発の本質に対する無理解だけではなく、他にも理由があるように思えるのです。

多数意見の第2の問題

次に多数意見の第2の問題、すなわち、多数意見が、①本件長期評価の信用性の有無、②経済産業大臣は津波対策を命じるべきであったかについて判断していないことについて考えてみます。

争点②について言えば、本来何をなすべきであったかの判断がないままに、行為と結果との間の因果関係の有無を判断することはできないのです。例えば、交通事故が避けられたかどうかを判断するためには、運転者が、㋐単なる減速義務を負うのか、㋑それとも時速10キロ程度まで速度を落とす徐行義務を負うのか、㋒運転停止義務まで負うのか、を定めないとその事故が避けられたかどうかの因果関係の有無について判断ができないのです。だから、②の争点について判断しないままでは、経済産業大臣が命令をすれば事故を防ぐことができたか否かの判断ができないはずなのです。争点②の電気事業法40条に基づく経済産業大臣の津波対策に係る命令のあり方やその内容、経済産業大臣の命令に対する東京電力のあるべき対応について判断するためには、原子力基本法、原子炉規制法、電気事業法等の法解釈をする必要があり、そのためには、必然的に、前記の原発の本質に対する理解と考察が必要となってきます。多数意見は、その原発の本質に関する考察と議論を避けるために、②の論点を敢えて無視したのではないかと思われるのです。すなわち、3名の裁判官は能力が不足したために因果関係を認めなかったのではなく、予め国側を勝たせるという結論を決めておいて、その結論を導きやすくするために、争点①と争点②の判断を故意に避けたのではないかとの疑念が湧くのです。

このような多数意見の姿勢は、三浦裁判官にとっては到底許しがたいものであったはずです。三浦裁判官は、この点を次のように明確に批判しています。

多数意見は……上記法令の趣旨や解釈に何ら触れないまま、上記水密化等の措置の必要性や蓋然性を否定している。これは、長年にわたり重大な危険を看過してきた安全性評価の下で、関係者による適切な検討もなされなかった考え方をそのまま前提にするものであり、法令の解釈適用を踏まえた合理的な認識等についての考慮を欠くものといわざるを得ない。

三浦裁判官は、津波による電源喪失による過酷事故を防ぐためにどのような対策をとるべきだったかは、原発の本質を踏まえた法的な分析を加えないと判断できないはずなのに、多数意見は法的な分析を放棄しているとの厳しい批判を加えているわけです。つまり、経済産業大臣や東京電力が「とおり一遍の事故の防止義務を負うだけ」なのか、それとも「原発事故を防止するために、考え得るすべてのことをなすべきである」という高度の義務を負っているかどうかは、法の趣旨や目的を解釈して分析しないと結論が出ない問題のはずです。三浦裁判官は、法の趣旨や目的を分析することが裁判官の仕事であるのにこれを放棄することは許されないという極めて正当な批判を加えているものと解されるのです。

この訴訟は、裁判官として、国民の側に軸足を置いて判断するのか、国や行政の側に軸足を置いて判断するのかという裁判官としての基本的姿勢が問われた事件だったといえます。日本国憲法は裁判官に対し国民の側に軸足を置いて裁判官としての責任を果たすことを求めています。三浦裁判官も指摘するように、生存を基礎とする人格権は憲法上最も重要な価値です。民主主義国家における基本理念である「法の支配」とは、「国民固有の権利である人格権を最大の価値とすべきとの憲法が定めている法秩序を裁判所の手で守りなさい」という憲法の裁判官に対する命令です。最高裁判所はこの「法の支配」の最終的な担い手なのです。法の支配は単に法律に従って政治がなされるべきであるという法治主義に留まるものではなく、その法律の中身や適用が憲法の理念に沿うことを求めているものなのです。

3名の裁判官は裁判官としての能力や資質に欠けるところがあったのではないかという疑念と共に、3名の裁判官は「結論ありき」で三浦裁判官の意見に対して全く聴く耳を持たなかったのではないかと思われるのです。「結論ありき」の姿勢は、法と論理に従うべき裁判官にとって最も忌むべきもので、法の支配の担い手として許されざるものです。

多数意見裁判官に対する更なる疑念

国は、経済産業省を中心として、電力会社と共に、原発推進という国策を進めています。特に東京電力は、福島原発事故後、実質的に国有化されていることから経済産業省つまり国と一体化しています。

また、東京電力は「五大法律事務所」と呼ばれる巨大法律事務所に原発問題に関する弁護活動の依頼をし、「五大法律事務所」は東京電力から多額の報酬を得ているのです。

本件について裁判長を務めた菅野博之裁判官は、この判決を下した翌月の7月に42年間にわたる裁判官生活を終えて定年退官し、翌月の8月には五大法律事務所の一つである「長島・大野・常松法律事務所」に就職しました。他の多数意見の2名の裁判官も五大法律事務所の出身でした。国と東京電力が利害を一致させる中、その東京電力からの依頼を受けている法律事務所が、国策について最終的な裁判をしなければならない最高裁裁判官の出身母体であったり、退官後の就職先にもなっているという構造が作り上げられています。ただ一人、反対意見を書いた検察官出身の三浦裁判官だけがその構造の中にいなかったということになります。

最高裁は、常々、下級審の裁判官に対して「常に公正らしくあれ」と言い続けています。「公正らしくあれ」とは、単に公正であることに留まらず、公正であることが外部からも見えるようにしなければならないということですから、単に公正であることよりも遥かに難しいことだといえます。しかし、多くの裁判官は、たとえ難しくても、公正であるだけでなく、「公正らしくあれ」という最高裁の訓戒を自らの行動指針としているのです。ところが、最高裁を含め42年間も裁判所にいた人物が、とても公正とは思えない判決を出したのち間もなく退官し、その退官直後に、最も公正らしさを損なう行動をとっているのです。

私は、最高裁に対して、最高裁が下級審裁判官に求めている高度な要求をしようとは思っていません。ただ「最高裁は公正であれ」と言いたいだけなのです。

裁判官訴追

福島原発事故について国家賠償を求めていた原告や代理人弁護士は、2024年8月1日、裁判官訴追委員会に対し、多数意見の草野裁判官と岡村裁判官について罷免の訴追をすることを請求しました。裁判長であった菅野裁判官は定年退官したので対象外となりましたが、残りの2名の裁判官には裁判官弾劾法の罷免事由である「職務上の義務に著しく違反し」たときに該当するという理由で請求したのです。

もし、弾劾が認められれば裁判官として罷免されるだけでなく法曹資格を失うことになり、弁護士になることもできなくなります。いくら法の解釈を間違ったとしても法曹資格まで奪おうとするのはやり過ぎだという意見もありますが、私は単に法の解釈を間違ったという問題ではないと思っています。

例えば、明らかなストライクをボールと判定しても、その審判員には能力が低いとの疑いが生じるだけで、審判員としての職務を著しく怠ったとはいえません。複数回間違いを繰り返してもそれだけで審判員としての資格を失わせるのはやり過ぎです。しかし、たった1回でも、片方のチームを勝たせるためにストライクをボールと判定すれば、審判員としての職務上の義務に著しく違反したことになるのです。最高裁の裁判官たるものが、三浦裁判官の意見の方が正当な解釈であることが分からなかったはずはないのです。

この訴追請求の趣旨は、多数意見の裁判官が一方(国)を勝たせることを目的に明らかに間違った判定を行ったということだと思いますから、当然の請求だと思います。

司法権の独立

憲法76条3項は、「すべて裁判官は、その良心に従ひ独立してその職権を行ひ、この憲法及び法律にのみ拘束される」と規定しているのです。しかし、司法権の独立は今大きな危機にあるといえます。

最高裁が採るであろうという結論を見越して判決を書いている裁判官が極めて多いのです。しかし、それは憲法違反です。憲法と法律と良心に従っているのではなく、最高裁で維持されるかどうかという雑念で裁判をしているからです。そういう雑念を排除すべきだと定めているのが憲法76条3項です。

雑念を排除して、憲法と法律と良心に従って裁判をすれば、たとえ、結果が悪くてもその裁判官の責任ではありません。法が悪かったというだけの話になります。他方、最高裁が採るであろう結論を見通した上で、「自分が出した判決が最高裁で破れなければよい」と考えて、すなわちそのような雑念によって判決を出せば、その判決の責任はすべてその裁判官個人が負わなければなりません。それは一生涯責任を負うことになり、あの世に行っても責任を負わなければならないのです。すなわち、歴史の審判を受けることになるのです。

本判決の約1か月後の2022年7月13日、東京地裁は株主代表訴訟の判決において、福島原発事故当時の東京電力の役員4名に対し、13兆円余の損害賠償金を東京電力に支払うよう命じました。東京電力の役員たちは「たとえ津波対策をとったとしても福島原発事故は防ぐことはできなかった」と主張していました。つまり、6・17最高裁判決と論点がほぼ共通する事案であったにも拘わらず、原発の本質を理解していた東京地裁は、最高裁の多数意見を良しとすることなく、取締役の賠償責任を認めたのです。

2023年3月10日の仙台高裁判決は、経済産業大臣が規制権限を行使しなかったことは重大な義務違反であると認定しました。しかし、結論は、前後の脈絡なく、あたかも突然骨折したかのように、最高裁の多数意見に従って住民側の国家賠償請求を棄却してしまいました。

裁判所が信頼を回復する唯一の方法

法律家に限らず理性人であれば、6・17最高裁第二小法廷における多数意見と三浦反対意見の優劣が分かるはずです。そのことは、菅野裁判官をはじめとする3名の裁判官の経歴や退官後の行動に対する疑惑と相まって、「6・17最高裁第二小法廷判決は結論ありきで論理を無視して下された」との疑念を抱かせるに充分なものです。

それにも拘わらず、仙台高裁の後にも、最高裁の多数意見に従った判決が続いています。最高裁の6・17判決が全員一致の判決であるならば、地裁や高裁がそれに従うことは理解できます。しかし、三浦反対意見があるのです。重大な判断をする場合、これが裁判における判断であろうとなかろうと、責任を持った判断をするためには、賛否の意見を真摯に検討するのが当然のことだといえます。仮に、高裁の裁判官たちが多数意見と三浦反対意見の両者を検討した結果、多数意見の方が論理性や説得力において三浦反対意見よりも勝っていると判断したとするならば、この高裁の裁判官たちには法律家としての資質が全くないということがいえます。仮に、高裁の裁判官たちが、三浦反対意見の方が論理性や説得力において多数意見よりも勝っていると判断しつつ、それでもなお、多数意見に従うと判断したのなら、優れた意見と思う方を採用しないで、劣ったと思う方の意見を採用したということになり、裁判官としての根本的な姿勢に問題があるといえます。法と論理に従うのが裁判官の役割です。

しかし、論理性を無視して結論を最高裁の多数意見に合わせる下級審判決が続出しています。そうなると、最高裁のみならず裁判所全体に対する国民の信頼が損なわれることになります。法律家を含む多くの者が「最高裁というところは、所詮、政府に忖度する組織で、論理よりも結論ありきで、下級審の裁判官たちも最高裁に盲従するだけだ」と発信することでしょう。そして、その声は広がってゆき、やがて司法を支えている国民からの信頼は完全に失われることになります。

このような事態を収拾する最良でおそらく唯一の方法は、最高裁自らが第二小法廷の判決を速やかに改めることです。そうすることによって、2022年6月17日の最高裁第二小法廷判決は、最高裁の中での一部の不見識者、つまり裁判官としての能力を著しく欠く者、または利権構造の中に浸っている者による判決であって、最高裁は今なお健全であることを示すことができるのだと思います。

なぜ、国家賠償を求めるのか

国と東京電力は連帯責任を負っていることから、国家賠償が認められても、事故を起こした東京電力の負う損害賠償額に加算して国家賠償がなされるわけではありません。しかし、国に賠償責任がないということになれば、国は責任を問われる心配がなく安心して原発を動かすことができるということになります。国家賠償を求めることは原発事故に対する責任の所在を明らかにすると共に、国に責任が認められることによって、脱原発に大きく舵が切られるのです。

被災者の方々は、二度と福島原発事故のような事故は起きてはならないと切に願っているのです。6・17最高裁判決が改められれば、脱原発への大きな一歩となるのです。

マイコート

マイコートとは、自分自身が裁判長を務める法廷のことを言います。そこで行われる裁判では自分が主役であり、裁判の手続をコントロールしていくという裁判官の矜持、プライドを示す言葉です。私は、マイコートでの裁判手続もそこでの判決も、たとえつたないものであっても、自分自身の言葉で語るのが当然だと思っていました。

小野寺利孝先生は、若いころに、先輩弁護士から、弁護士の心得について次のように言われたそうです。先輩弁護士は弁護士の仕事を農家に例えられて、「自分の判断で作物を育て、自分の判断で収穫するという独立自営の自作農民でなければならない。決して地主の支配下にある小作人となってはいけない」と。

マイコートも同じです。あたかも最高裁が地主で、地主に言われたとおりの苗を植え、言われたとおりに刈り取り、その一部の分け前にあずかることを、マイコートを運営する者は拒否します。

ここに2つの種類の苗があります。一方は1本だけの苗ですが、太く青々と茂り、大切に育てればたくさんの実りをもたらします。他方、3本の苗があります。3本ありますが、いずれも、弱々しく枯れそうです。たとえ地主が3本の方を勧めても、それをマイコートに植えることを私は拒否します。私なら太く青々と茂った1本の苗を大切に育てます。それがマイコートを運営する者の誇りです。このような誇りを持っている裁判官は全国各地に、そして三浦裁判官のように最高裁にもいるだろうと思います。私の約35年間の裁判官生活の中で、少なくとも私の周りにはそのような裁判官が多くいました。諦めてはいけないと思います。絶望すれば、絶望の判決しか出ません。自分の仕事に誇りを持ち人権擁護のために奮闘している弁護士が多くいるように、法の支配の担い手であるという誇りを持って仕事をしている裁判官も多くいるのです。

多くの人が我が国から原発をなくすことは不可能だと思い込んでいます。しかし、私はそうは思いません。アパルトヘイトの南アフリカで終身刑を受けた黒人が大統領になることに比べれば遥かに容易なはずです。「何事もそれが成功するまでは不可能に思えるものである」――これは故ネルソン・マンデラ大統領の言葉です。

珠洲市の人々が28年間もの長きにわたって声をあげ続けてくれたことで我が国を救ってくれたように、我々も諦めることなく脱原発の声をあげ続けていきましょう。後に続く人々のために、未来を切り開いていきましょう。

おわりに

ここまで読み終えて、「はじめに」で触れた皆様の先入観はなくなったのではないでしょうか。脱原発にとって最も手ごわい敵は、政府でも電力会社でもありません。多くの人たちの心に巣くう「原発がなければ電気が足りなくなるのでは」という先入観、「原発はそれなりに安全につくられているはず」という先入観などで、中でも一番厄介なのは「原発の問題は難しい」という先入観なのです。

私は、大飯原発3、4号機の運転差止訴訟を担当したことで、原発の本質を知ることができました。原発の本質を知ったことで、霧が晴れていくようにこうした先入観が消えていき、運転差止訴訟の核心が見えてきたのです。導かれた結論に迷いはありませんでした。判決では自信を持って次のように書くことができました。

被告は本件原発の稼働が電力供給の安定性、コストの低減につながると主張するが、当裁判所は、極めて多数の人の生存そのものに関わる権利と電気代の高い低いの問題等とを並べて論じるような議論に加わったり、その議論の当否を判断すること自体、法的には許されないことであると考えている。……このコストの問題に関連して国富の流出や喪失の議論があるが、たとえ本件原発の運転停止によって多額の貿易赤字が出るとしても、これを国富の流出や喪失というべきではなく、豊かな国土とそこに国民が根を下ろして生活していることが国富であり、これを取り戻すことができなくなることが国富の喪失であると当裁判所は考えている。

私が担当した原発運転差止訴訟は「大飯原発の敷地に強い地震が来ると原発は耐えられずに事故になります。原発の運転を止めて私たちを守ってください」と住民が訴え、それに対して関西電力が「大飯原発の敷地に限っては強い地震は来ませんから安心してください」と主張した訴訟でした。

原発訴訟には原発の運転の差止を求める運転差止訴訟と原発事故の被害者が国や電力会社を相手取って起こす損害賠償請求訴訟があります。そもそも原発事故による被害は金銭賠償で完全に補うことができるものではないのですが、インターネット上では、（金銭による）賠償を求める原告に対して、心ない言葉が浴びせられることがあります。

原発事故さえなければ、故郷を離れる必要はなかったのです。原発事故によって放射性物質に汚染されたために故郷を離れざるを得なくなってしまったのですから、国策として原発を推進してきた国や電力会社に加害責任を認めてほしいのです。国や電力会社に謝ってほしいのです。そして、二度と原発事故が起きないように原発をなくしてほしいのです。広島と長崎の被爆者と同じように「自分たちが、原発事故の最後の被害者であってほしい」と叫んでいるのです。

原発事故による損害賠償請求訴訟は国や電力会社の過去の事故の加害責任を明らかにすることであり、運転差止訴訟は電力会社に将来原発事故を起こさせないための訴訟です。もしも、原発事故による被害について国に賠償責任がないとする「6・17最高裁判決」が今後も維持されることなれば、それは、原発運転差止訴訟にとっても大きな障害となるのです。なぜなら、国に対して過去に起きた原発事故の責任をとらせることができない裁判官に、将来起きるかもしれない原発事故について適切な判断を期待することはできないからです。「6・17最高裁判決」は、原発運転差止訴訟においても、大きな障害であり、この障害を取り除かないと、原発運転差止訴訟の将来が見通せなくなるのです。

逆に、国に賠償責任が認められれば、国は金銭賠償義務を負担するだけでなく、謝罪と今後の再発防止を約束せざるを得なくなるので、今後の運転差止訴訟にとっても大きな支えとなるのです。以上のことから損害賠償請求訴訟と運転差止訴訟は、脱原発のための車の両輪であることがご理解いただけたのではないでしょうか。

この本では原発問題に焦点を当て、司法の危機を訴えました。権力の暴走に歯止めをかけるための三権分立が崩れたら、私たちを待ち受けるのはファッショ体制でしょう。それは、単に原発問題に留まらず、民主主義そのものの危機であることに気づいてほしいのです。

裁判所は「人権擁護の最後の砦」であり、私たちの人権を守ってくれる存在でなければならないはずです。日本国憲法76条3項に明記されるように裁判官が「……その良心に従ひ独立してその職権を行ひ、この憲法及び法律にのみ拘束される」ことによって、後世に恥じない判決を書いているのかどうか――。私たちの人権を守ってくれているかどうかについて私たちは今まで以上に厳しい目を向けなければなりません。なぜなら、裁判所は「法の支配」の担い手だからです。「法の支配」とはたとえ法律で定められたものであったとしても、憲法の規定や精神に反するものは許されないという近代国家の基本原則です。

最近のニュースで、戦後最大の人権侵害だとされている旧優生保護法のことをお聞きになったと思います。障害などを理由に不妊手術を強いたこの法律について、最高裁は２０２４年7月、正当な理由なく不妊手術を認めた規定を憲法違反と断言しました。これを受けて、岸田文雄総理（当時）はすぐに原告に謝罪の言葉を述べ、国と原告は和解案に合意しました。これは「法の支配」が機能した一例といえます。

原発についても、原発の本質を最高裁の裁判官が理解して合理的な判断をすれば、政治は動かざるを得ないのです。「法の支配」によって原発を止めることができるのです。

２０２２年6月17日、最高裁の第二小法廷は福島第一原発事故について「国に責任はない」という判決を下しています。「これが判例になってしまうのでしょうか?」「最高裁判決をくつがえすことなんてできるのですか?」。そんな疑問の声が聞こえてきます。

最高裁判決といえども不変ではありません。表3のとおり6・17最高裁判決を境に国の責任を認めない判決が相次いでいますが、表4のとおり、現在も多くの国家賠償請求訴訟が各地の地裁・高裁に係っています。これらの訴訟が最高裁に上告されたとき、別の小法廷の裁判官が原発の本質を理解し、原発の危険性を直視すれば、国の責任を認めざるを得ないはずです。そのとき、世論の後押しがあれば、裁判官も更に自信を持って判決が出せると思います。また、多数の原発の運転差止訴訟も表5及び表6に示すように、各地の地裁・高裁に係っています。これらの訴訟についても裁判官が原発の本質を理解し、原発の危険性を直視すれば運転差止の判決が出るはずです。

憲法12条「この憲法が国民に保障する自由及び権利は、国民の不断の努力によつて、これを保持しなければならない」を思い出しましょう。司法の存在意義が問われているこのときに、主権者である私たちの不断の努力によって、司法の危機を回避することができるのではないでしょうか。大事なことは、裁判官たちに裁判官の使命を自覚してもらうことです。

「司法は政府の顔色ばかり見るつもりか、国民を見くびるな！」と声をあげ続けましょう。現実の私たちは非力に思えるかもしれません。しかし、国民主権とは、大事なことを決定する権利は私たちにあるということで、私たちは決して無力ではないのです。現に、表7のとおり、50箇所を超える地域で、声をあげ続けることで実際に原発の建造を阻止することができたのですから。

私たちの後に続く人々に美しいバトンを渡したいものです。

最後に、このブックレットを上梓することを強く勧めてくださった「ノーモア原発公害市民連絡会（市民連）」の小野寺利孝弁護士にお礼を申し上げます。

小野寺先生は、「6・17最高裁判決」をくつがえすことを活動の柱とする市民連結成とその活動の中心となっていらっしゃる方です。私は専ら運転差止訴訟に関わっていましたので、執筆に際して、損害賠償請求訴訟については小野寺先生からいろいろとご教授いただきました。

最高裁の誤った判決を正さなければ私たちの国は大変なことになってしまうという危機感が小野寺先生や市民連の皆様から伝わってきました。私もかつての職場である裁判所が正常に機能するためにできることはさせていただきたいという思いで市民連の特別顧問を務めております。

また、岩波書店の編集者である山下由里子氏にもお礼を申し上げます。拙著『保守のための原発入門』に続いて今回のブックレットも担当してくださいました。このブックレットが表に掲げた損害賠償請求訴訟、運転差止訴訟の関係者だけでなく、若い世代や保守層、さらには裁判官たちも手にしてくれることを願っています。

表3　主な国家賠償訴訟（2017～2024年）

○＝国の責任を認める　×＝認めず
網掛の箇所は最高裁6・17判決及びそれ以降の判決

裁判所	訴訟名	判決	その後の経緯	
〈2017年〉				
前橋地裁	群馬	○	×東京高裁	×最高裁6・17判決
千葉地裁	千葉第1陣	×	○東京高裁	×最高裁6・17判決
福島地裁	生業第1陣	○	○東京高裁	×最高裁6・17判決
〈2018年〉				
京都地裁	京都	○		
東京地裁	東京第1陣	○	×東京高裁	→上告
〈2019年〉				
横浜地裁	かながわ	○	×東京高裁	→上告
千葉地裁	千葉第2陣	×	×東京高裁	
松山地裁	えひめ	○	○高松高裁	×最高裁6・17判決
名古屋地裁	愛知・岐阜	×	×名古屋高裁	→上告
山形地裁	山形	×	×仙台高裁	→上告
〈2020年〉				
札幌地裁	北海道	○		
福岡地裁	九州第1陣	×		
仙台地裁	みやぎ	×	×仙台高裁	→上告
東京地裁	あぶくま会	×		
〈2021年〉				
福島地裁	子ども脱被ばく	×		
福島地裁いわき支部	いわき市民	○	×仙台高裁	×最高裁・上告棄却
新潟地裁	新潟	×	×東京高裁	→上告
東京地裁	南相馬20ミリ	×		
福島地裁郡山支部	津島	○		
〈2022年〉				
埼玉地裁	さいたま	×		
福島地裁	都路町	×		
………2022年6月17日最高裁判決後………				
〈2023年〉				
岡山地裁	おかやま	×		
福島地裁	小高区	×		
福島地裁	鹿島区	×		
〈2024年〉				
神戸地裁	ひょうご	×		
広島地裁	ひろしま	×		

資料提供：原発被害者訴訟原告団全国連絡会

表 4　地裁高裁で係争中の主な国家賠償訴訟

裁判所		訴訟名
〈地裁〉	福島地裁	生業第 2 陣
	東京	東京第 2 陣
	横浜	かながわ第 2 陣
	大阪	関西
	福岡	九州第 2 陣
〈高裁〉	札幌高裁	北海道
	仙台	津島
		都路町
		小高区
		鹿島区
	東京	あぶくま会
		さいたま
	大阪	京都
		ひょうご
	広島	ひろしま
		おかやま
	福岡	九州第 1 陣

資料提供：原発被害者訴訟原告団全国連絡会

表5　全国脱原発訴訟一覧(終了した訴訟を含む)

No	原発名	提訴日	請求の趣旨	訴訟の経緯(今後の進行予定など)	係属裁判所	被　告	ホームページ名称等
1	泊	2011/11/11	1, 2号機運転差止め, 3号機運転終了, 1-3号機廃炉措置	2022/5/31 第39回口頭弁論期日 認容判決控訴 2024/11/15 控訴審第4回口頭弁論期日	札幌高裁	北海道電力(株)	泊原発の廃炉をめざす会
2	泊	2011/8/1	定険終了書交付差止め, 仮の差し止めを提起(行訴)	同交付がされたので, 交付処分の取り消しに訴えを変更, 2012年5月訴えの利益失い取り下げ, 終了.	札幌地裁	国	
3	大間	2010/7/28	電源開発に対し大間原発の建設・運転差止め, 被告両名に対し各原告に3万円の慰謝料請求	※2014/12/16 電源開発が設置変更許可申請 2018/3/19 請求棄却判決, 控訴 2024/12/10 控訴審第13回口頭弁論期日 2025/5/29 控訴審第14回口頭弁論期日	札幌高裁	国, 電源開発(株)	大間原発訴訟の会
4	大間(函館市)	2014/4/3	設置許可無効確認, 建設停止義務付け(行訴), 運転差止(民訴)	電源開発の設置変更許可申請に伴い, 訴えの追加的変更(設置変更許可処分の事前差し止め(行訴) 2024/9/2 第32回口頭弁論期日	東京地裁	国, 電源開発(株)	函館市の大間原子力発電所に対する対応について
5	六ヶ所高レベル廃棄物貯蔵センター	1993/9/17	「高レベルガラス固化体貯蔵施設」廃棄物管理事業許可処分取消請求訴訟(行訴)	2024/9/27 第128回口頭弁論期日	青森地裁	経済産業大臣	核燃サイクル阻止1万人訴訟原告団
6	六ヶ所再処理工場	1993/12/3	再処理事業指定処分取消請求訴訟(行訴)	2024/9/27 第127回口頭弁論期日	青森地裁	経済産業大臣	核燃サイクル阻止1万人訴訟原告団
7	六ヶ所再処理工場	2021/1/22	原子力規制委員会が日本原燃会社に対して2020年7月29日付でなした日本原燃会社再処理事業所における再処理の事業の変更許可はこれを取り消す	2024/9/27 第14回口頭弁論期日	青森地裁	国	核燃サイクル阻止1万人訴訟原告団
8	六ヶ所再処理事業所廃棄物管理事業(高レベル廃棄物一時貯蔵施設)	2021/2/16	原子力規制委員会が, 日本原燃株式会社に対し, 2020年8月26日付でなした, 日本原燃株式会社再処理事業所における廃棄物管理の事業の変更許可は, これを取消す	2024/9/27 第14回口頭弁論期日	青森地裁	国	核燃サイクル阻止1万人訴訟原告団
9	六ヶ所MOX燃料加工施設	準備中	MOX燃料加工工場許可取消				核燃サイクル阻止1万人訴訟原告団
10	六ヶ所再処理工場	2020/3/9	六ヶ所再処理工場運転差止	2023/10/5 13:30 第6回口頭弁論期日	東京地裁	日本原燃(株)	宗教者が核燃サイクル

No	原発名	提訴日	請求の趣旨	訴訟の経緯（今後の進行予定など）	係属裁判所	被　告	ホームページ名称等
							事業の廃止を求める裁判
11	東通（東北電力）なし		—		—	—	—
12	東通（東京電力）（建設計画中）		—		—	—	—
13	女川	2021/5/28	被告は，宮城県牡鹿郡女川町塚浜字前田1において，女川原子力発電所2号炉を運転してはならない	2023/5/24 第6回口頭弁論期日 請求棄却判決 控訴 10/2 控訴審第1回口頭弁論期日 7/17 控訴審第4回口頭弁論期日（結審） 11/27 第5回口頭弁論期日 判決言い渡し	仙台高裁	東北電力	宮城脱原発・風の会
14	女川（仮処分）	2019/11/12	同意の差止め	人格権を被保全権利として，「女川原発の避難計画を考える会」に所属する男女17人が申し立て．2020/7/6 却下決定 7/10 即時抗告 10/23 棄却決定 最高裁への特別抗告は見送り	仙台高裁	仙台市，宮城県	【準備中】
15	福島第一	（廃炉決定）	—		—	—	—
16	福島第二	—			—	—	—
17	東海第二	2012/7/31	運転差止め	国に対する設置許可処分無効確認等取下げ 2020/7/2 第33回口頭弁論期日（結審） 2021/3/18 判決 3/31 敗訴原告ら控訴 2024/12/25 控訴審第5回口頭弁論期日	東京高裁	日本原電（株）	東海第二原発訴訟団
18	柏崎刈羽	2012/4/23	1-7号機運転差止め	2024/10/23 第45回口頭弁論期日	新潟地裁	東京電力（株）	脱原発新潟県弁護団のブログ
19	志賀	2012/6/26	1，2号機運転差止め	2024/10/31 第43回口頭弁論期日	金沢地裁	北陸電力（株）	志賀原発を廃炉に！訴訟原告団ホームページ
20	志賀株主差止	2019/6/18	被告らは，北陸電力株式会社を代表して，⑴石川県羽咋郡志賀町赤住1所在の志賀原子力発電所1号機及び2号機を運転してはならない．⑵核燃料を購入してはならない．⑶核燃料を石川県羽咋郡志賀町赤住1所在の志賀原子力発電所1号機及び2号機並びにその	2024/9/30 第19回口頭弁論期日	富山地裁	北陸電力代表取締役	志賀原発を廃炉に！訴訟原告団ホームページ

No	原発名	提訴日	請求の趣旨	訴訟の経緯（今後の進行予定など）	係属裁判所	被告	ホームページ名称等
			敷地内に搬入してはならない．⑷志賀原子力発電所１号機及び２号機に代替高圧注水設備を設置してはならない．⑸志賀原子力発電所１号機及び２号機に代替残留熱除去設備を設置してはならない．⑹志賀原子力発電所１号機及び２号機の再稼働を前提とした行為（⑴いし⑸記載の各行為を除く．）をしてはならない．				
21	高浜	2016/4/14	高浜原発１，２号機運転期間延長認可申請差止め，設置変更許可申請差止め，工事計画認可申請差止め，保安規定変更認可申請差止め（行訴）．	2024/3/5 第 30 回口頭弁論期日　4/26 第 31 回口頭弁論期日 証人尋問　5/10 第 32 回口頭弁論期日 証人尋問　7/19 第 33 回口頭弁論期日 結審　2025/3/14 第 34 回口頭弁論期日 判決言い渡し ＊関電が訴訟参加	名古屋地裁	国	TOOLD40 高浜原発40年廃炉・名古屋訴訟～デンジャラス原発にレッドカードを！～
22	美浜原発３号機	2016/12/9	美浜原子力発電所３号機運転期間延長認可処分，設置変更許可処分，工事計画認可処分，保安規定変更認可処分取消し（行訴）	2024/5/10 第 29 回口頭弁論期日　7/19 第 30 回口頭弁論期日 結審　2025/3/14 判決言い渡し ＊関電が訴訟参加	名古屋地裁	国	TOOLD40 高浜原発40年廃炉・名古屋訴訟～デンジャラス原発にレッドカードを！～
23	高浜 3，4	2020/10/5	原子力規制委員会は，関西電力株式会社に対し，高浜発電所３号機及び４号機について，大山噴火の見直しに伴うバックフィット（設置変更許可に限らず，工事計画変更認可，保安規定変更認可及び仕様前検査まで含んだ安全の確認）が終わるまで，使用を停止すべきことを命ぜよ．	2021/9/22 第３回口頭弁論期日，2021/12/8 第４回口頭弁論期日（結審）　2022/3/10 請求棄却判決　3/22 控訴　4/26 控訴取り下げ	名古屋高裁	国	原発バックフィット・停止義務づけ訴訟
24	美浜３号	2022/4/1	原子力規制委員会が令 和２年２月 27 日付けで関西電力株式会社に対してした美浜原子力発電所３号機にかかる発電用原子炉の保安規定変更認可処分が無効であることを確認する	22 に併合	名古屋地裁	国	
25	美浜，大飯，高浜（仮処分）	2011/8/2	美浜 1，3，大飯 1，高浜 1～4 号機仮の再稼働禁止 大飯 3～4 仮の運転禁止	2014 年９月，美浜 1，3，大飯 1，高浜 1 を取り下げ．2014/11/27 却下決定	大津地裁	関西電力	福井原発訴訟（滋賀）支援サイト

No	原発名	提訴日	請求の趣旨	訴訟の経緯（今後の進行予定など）	係属裁判所	被　告	ホームページ名称等
26	高浜（第2次仮処分）	2015/1/30	高浜3, 4号機仮の運転差止 ※被保全権利：生存権・人格権に基づく妨害予防請求権	2016/3/9仮処分申請認容決定→関電が執行停止および異議申立7/12仮処分認可（異議申し立て認めず）→関電が保全抗告申立（大阪高裁へ）　2017/3/28仮処分取り消し	大阪高裁	関西電力	福井原発訴訟（滋賀）支援サイト
27	美浜，大飯，高浜	2013/12/24	美浜3，大飯1，高浜1～4号機 再稼働禁止，大飯3, 4運転禁止	2025/2/6第43回口頭弁論期日 結審予定 ※美浜1, 2取下げ，7/12大飯1, 2取下げ	大津地裁	関西電力	福井原発訴訟（滋賀）支援サイト
28	高浜1～4，大飯3･4，美浜3	2020/5/18	債務者は，高浜発電所1号機乃至4号機，大飯発電所3･4号機，美浜発電所3号機を運転してはならない．	新型コロナ禍を理由とする仮処分　2020/12/14第3回審尋期日（非公開）　2021/3/17却下決定	大阪地裁	関西電力	申立書（脱原発弁護団全国連絡会内）
29	敦賀（仮処分）	2011/11/8	1, 2号機仮の運転差止め	2014/9取り下げ．	大津地裁	日本原電（株）	福井原発訴訟（滋賀）支援サイト
30	大飯（仮処分）	2012/3/12	3, 4号機仮の運転差止め，国に対し訴外関電に運転停止を命じる義務付け	2013/4/16却下決定→即時抗告（大阪高裁へ） 2014/5/9却下決定	大阪高裁	関西電力（株）	美浜の会
31	大飯	2012/6/12	国に対し，関電に3, 4号機の運転停止を命じる義務付け→設置変更許可取消（行訴）	＊関西電力が訴訟参加． 2020/12/4 15時判決 設置変更許可処分取消 国が控訴，原告らも却下部分につき控訴 2024/10/10控訴審第7回口頭弁論期日	大阪高裁	国	美浜の会
32	大飯（執行停止）	2021/1/14	処分行政庁原子力規制委員会が2017年5月24日付けで関西電力株式会社に対してした大飯発電所3号機・4号機の設置変更許可の効力を，大阪地裁の2020年12月4日付判決の控訴の判決が言い渡されるまで停止する．		大阪高裁	国	美浜の会
33	大飯	2012/3/14	3, 4号機定期検査終了証交付差止め	→訴え変更→交付取消（行訴）　2013/6/28判決	大阪地裁	国	福井原発訴訟（滋賀）支援サイト
34	大飯	2012/11/29	1-4号機運転差止，各原告に1か月1万円の慰謝料請求	2024/6/4第41回口頭弁論期日　7/16第42回口頭弁論期日　9/17第43回口頭弁論期日　10/29第44回口頭弁論期日	京都地裁	国，関西電力（株）	京都脱原発弁護団ブログ京都脱原発原告団
35	大飯	2012/11/30	3, 4号機の運転差止	2014/5/21認容判決→控訴（名古屋高裁	名古屋高裁金沢支部	関西電力（株）	福井から原発を止める

No	原発名	提訴日	請求の趣旨	訴訟の経緯(今後の進行予定など)	係属裁判所	被　告	ホームページ名称等
				金沢支部へ) 2018/7/4 原判決取消し，請求棄却			裁判の会
36	大飯・高浜仮処分	2014/12/5	大飯34，高浜34運転差止	2015/4/14 仮処分決定※大飯は分離して審理．12/24 大飯原発仮処分却下，高浜原発保全異議認容(仮処分取消)決定 2016/1/6 保全抗告申立て 3/11 大津地裁決定を受けて，抗告取り下げ	名古屋高裁金沢支部	関西電力(株)	運転差し止め仮処分のページ
37	大飯3·4号機仮処分	2017/12/25	大飯原発3·4号機運転差止め仮処分申立	2019/3/28 却下決定 4/10 即時抗告 9/25 即時抗告審第1回審尋期日 1/30 棄却決定	大阪高裁	関西電力(株)	福井から原発を止める裁判の会「新・大阪大飯仮処分」
38	高浜	2017/7/6	高浜原発3·4号機運転差止め仮処分申立	北朝鮮からのミサイル攻撃の危険性を理由とする運転差止めの仮処分．2018/3/30 却下決定	大阪地裁(第1民事部)	関西電力(株)	ミサイル仮処分(脱原発弁護団全国連絡会内)
39	美浜3号機(仮処分)	2021/6/21	債務者は，福井県三方郡美浜町丹生66号川坂山5番地3において，美浜発電所3号機を運転してはならない．	2022/12/20 却下決定 2023/1/4 即時抗告申立て 12/13 第6回審尋期日(非公開)審理終結．2024/3/15 棄却決定	大阪高裁	関西電力	福井から原発を止める裁判の会「美浜原発3号機運転禁止仮処分」
40	美浜3号機(仮処分)	2023/1/13	債務者は，福井県三方郡美浜町丹生66号川坂山5番地3において，美浜発電所3号機を運転してはならない．	2024/3/29 却下決定 4/11 即時抗告，4/25 即時抗告理由書提出 11/1 控訴審第2回審尋期日(非公開)	福井地裁→名古屋高裁金沢支部	関西電力	老朽美浜3号機運転禁止仮処分福井地裁
41	浜岡(東京高裁)	2002/4/25	1-4号機運転差止め，ただし1,2号機は2008/12に自主的に廃炉決定 ※仮処分申請(取下げ)	2007/10/26 請求棄却判決 2025/2/20 進行協議期日(非公開)	東京高裁	中部電力(株)	浜岡原発とめよう裁判の会・とめます本訴の会
42	浜岡(静岡地裁本庁)	2011/7/1	3-5号機運転終了，1-5号機廃炉要求 ※5号機仮処分申請(取下げ)	2024/11/7 第59回口頭弁論期日 ※2017/3/1,5号機の仮処分につき，取り下げ．	静岡地裁本庁	中部電力(株)	浜岡原子力発電所運転終了・廃止等請求訴訟弁護団
43	浜岡(静岡地裁浜松支部)	2011/5/27	3-5号機永久停止請求 (国を追加した第5次より)被告国は，被告中電をして3-5号機を稼働させてはならない	2024/7/18 第39回口頭弁論期日	静岡地裁浜松支部	中部電力(株)，国	浜岡原発永久停止裁判原告団・弁護団・支援組織共同ブログ
44	島根	1999/4/8	1,2号機運転差止め	2024/6/24 進行協議期日(非公開)	広島高裁松江支部	中国電力(株)	島根原発「差し止め請求」住民訴訟

No	原発名	提訴日	請求の趣旨	訴訟の経緯（今後の進行予定など）	係属裁判所	被　告	ホームページ名称等
45	島根	2013/4/24	国に対し3号機設置許可処分無効確認，中国電力に対し3号機運転差止め	2024/10/28 第37回口頭弁論期日	松江地裁	中国電力(株)，国	中国電力・島根原発3号機の運転をやめさせる訴訟の会
46	島根2号機（仮処分）	2023/3/10	債務者は，島根県松江市鹿島町片句654番地1において，島根原子力発電所2号機を運転してはならない．	2024/2/19 審尋期日（非公開）審理終結 5/15 却下決定	広島高裁松江支部	中國電力	
47	上関	2008/12/2	県知事の中国電力に対する公有水面埋立事業免許の取消→訴え変更→同免許の効力失効確認	2019/1/23 日訴え却下，控訴 2020/4/17 控訴棄却，上告 2021/1/21 上告棄却	最高裁	山口県	上関原発自然の権利訴訟上関の自然の権利を守る会
48	伊方	2011/12/8	1-3号機運転差止め	2024/6/18 第40回口頭弁論期日 結審 2025/3/18 第41回口頭弁論期日 判決言い渡し	松山地裁	四国電力(株)	伊方原発をとめる会
49	伊方（仮処分）	2016/5/31	伊方原発3号炉運転差止め仮処分申立	2017/7/21 却下決定．2017/8/4 即時抗告 2018/11/15 棄却決定	高松高裁	四国電力(株)	伊方原発をとめる会
50	伊方	2016/3/11	伊方原発1〜3号機運転差止，損害賠償請求	2024/7/17 第45回口頭弁論期日 結審 2025/3/5 第46回口頭弁論期日 判決言い渡し	広島地裁	四国電力(株)	伊方原発運転差止広島裁判
51	伊方（仮処分）	2016/3/11	伊方原発3号機運転差止仮処分	2017/3/30 却下決定，4/13 即時抗告，12/13 仮処分決定（広島高裁）関電が異議申立　9月25日不当決定	広島高裁	四国電力(株)	伊方原発運転差止広島裁判
52	伊方（仮処分）	2018/5/18	伊方原発3号機運転差止仮処分	2018/10/26 却下決定	広島地裁	四国電力(株)	伊方原発運転差止広島裁判
53	伊方（仮処分）	2020/3/11	伊方原発3号機運転差止仮処分	2021/11/4 決定　11/18 即時抗告申立て 2022/1/7 抗告理由書提出　2023/3/24 棄却決定	広島高裁	四国電力(株)	伊方原発運転差止広島裁判
54	伊方（仮処分）	2016/6/24	伊方原発3号炉運転差止め仮処分申立	2018/5/24 本訴終了後仮処分審尋期日（非公開）終結　9月28日却下決定 即時抗告 広島高裁異議審決定を受けて取下げ	福岡高裁	四国電力(株)	伊方原発をとめる大分裁判の会
55	伊方	2016/9/28	伊方原発3号機運転差止請求	2024/3/7 第28回口頭弁論期日 請求棄却 控訴	大分地裁→福岡高裁	四国電力(株)	伊方原発をとめる大分裁判の会
56	伊方（仮処分）	2017/3/3	伊方原発3号炉運転差止め仮処分申立	2019/3/15 却下決定 即時抗告　2019/9/11 即時抗告審第1	広島高裁	四国電力(株)	伊方原発をとめる山口裁判の会

No	原発名	提訴日	請求の趣旨	訴訟の経緯 (今後の進行予定など)	係属裁判所	被　告	ホームページ名称等
				回審尋期日　2020/1/17 差止決定 四電が執行停止と異議申し立て　2021/3/18 異議審決定			
57	伊方	2017/12/27	伊方原発3号機運転差止	2024/10/24 第27回口頭弁論期日	山口地裁岩国支部	四国電力(株)	伊方原発をとめる山口裁判の会
58	玄海	2010/8/9	3号機でのMOX燃料使用差止め	2015/3/20 請求棄却判決，4/3 控訴，2016/6/27 控訴棄却	福岡高裁	九州電力(株)	玄海原発プルサーマルと全基をみんなで止める裁判の会
59	玄海(仮処分)	2011/7/7	2,3,4号機仮の運転差止め	2015/5/15 2号機について取下げ，2016/10/26 4号機について仮処分申請(債権者236名) 2017/6/13 却下決定 6/23 即時抗告 6/8 第1回審尋期日，10/29 プレゼン予定 2019/7/10 棄却決定	福岡高裁	九州電力(株)	玄海原発プルサーマルと全基をみんなで止める裁判の会
60	玄海	2011/12/27	2-4号機運転差止め	2015/5/15 廃炉の決まった1号機について取下げ，2021/3/12 請求棄却判決 控訴 2024/10/2 控訴審第12回口頭弁論期日	福岡高裁	九州電力(株)	玄海原発プルサーマルと全基をみんなで止める裁判の会
61	玄海	2013/11/13	玄海原子力発電所3号機，4号機設置許可取消請求	設置変更許可処分がおりたため，義務付請求から取消しに変更，九電が訴訟参加 2021/3/12 請求棄却判決 控訴 2024/10/2 控訴審第11回口頭弁論期日	福岡高裁	国	玄海原発プルサーマルと全基をみんなで止める裁判の会
62	玄海	2012/1/31	九電に対し1-4号機の操業を「してはならない」，国に対し同操業を「させてはならない」，被告らに対し各原告にH23/3/11から操業停止まで1か月1万円の慰謝料請求	2024/9/13 第47回口頭弁論期日	佐賀地裁	九州電力(株)，国	原発なくそう！九州玄海訴訟
63	玄海(仮処分)	2017/1/27	玄海原発3･4号機再稼働差し止め仮処分	2018/3/20 却下決定 9/25 棄却決定	福岡高裁	九州電力(株)	原発なくそう！九州玄海訴訟
64	川内	2012/5/30	九電に対し1,2号機の操業を「してはならない」，国に対し同操業を「させてはならない」，被告らに対し各原告にH23/3/11から操業停止まで1か月1万円の慰謝料請求	2024/9/25 第40回口頭弁論期日 2024/11/26 第41回口頭弁論期日 結審予定	鹿児島地裁	九州電力(株)，国	原発なくそう！九州川内訴訟 原発なくそう九州原発訴訟 かごしま「風船とばそう」プロジェクト

No	原発名	提訴日	請求の趣旨	訴訟の経緯（今後の進行予定など）	係属裁判所	被　告	ホームページ名称等
65	川内（仮処分）	2014/5/30	九電に対し 1, 2 号機の運転差し止めを求める仮処分の申立て *被保全権利：人格権の妨害予防請求権	2015/4/22 却下決定（鹿児島地裁），5/6 即時抗告．2016/4/6 日抗告棄却決定（福岡高裁宮崎支部）	福岡高裁宮崎支部	九州電力（株）	原発なくそう！九州川内訴訟 原発なくそう九州原発訴訟 かごしま「風船とばそう」プロジェクト
66	川内	2016/6/10	原子力規制委員会の九州電力株式会社に対する川内原子力発電所 1 号炉及び 2 号炉に対する設置変更許可の取消し．	九電が訴訟参加の申し立て，2016/8/23 日に参加決定．2018/12/17 13時半 第10回口頭弁論期日 結審　2019/6/17 請求棄却　7/16 控訴　2024/7/5 第 6 回口頭弁論期日（証人尋問）　12/18 第 7 回口頭弁論期日 結審予定	福岡高裁	国	「さよなら原発！福岡&ひろば」内
67	高速増殖炉「もんじゅ」	2015/12/25	原子炉設置許可処分取消義務付請求等	2016/5/9，原子力研究 開発機構が訴訟参加．2018/5/18 被告が取下げに同意し，勝利的取り下げが確定	東京地裁	国	脱原発弁護団全国連絡会内「新・もんじゅ訴訟」

表6　運転差止等を求めている主な係争中の訴訟

○＝原告勝訴　×＝敗訴

係属裁判所	被　告	原　発	請求の趣旨	原判決
札幌高裁	北海道電力	泊1〜3号機	廃炉等	○札幌地裁
札幌高裁	国・電源開発	大間	建設・運転差止等	×函館地裁
東京地裁	国・電源開発	大間	設置許可無効確認，建設差止等	
青森地裁	国	六ケ所高レベル廃棄物貯蔵管理センター	廃棄物管理事業許可処分取消	
青森地裁	国	六ケ所再処理工場	再処理事業指定処分取消	
青森地裁	国	六ケ所再処理工場	再処理事業変更許可処分取消	
青森地裁	国	六ケ所高レベル廃棄物貯蔵管理センター	廃棄物管理事業変更許可処分取消	
東京地裁	日本原燃	六ケ所再処理工場	運転差止	
仙台高裁	東北電力	女川　2号機	運転差止	×仙台地裁
東京高裁	日本原子力発電	東海第二	運転差止	○水戸地裁
新潟地裁	東京電力	柏崎刈羽　1〜7号機	運転差止	
金沢地裁	北陸電力	志賀　1，2号機	運転差止	
富山地裁	北陸電力取締役ら	志賀　1，2号機	運転差止等	
名古屋地裁	国	高浜1，2号機	運転期間延長認可処分取消等	
名古屋地裁	国	美浜3号機	運転期間延長認可処分取消等	
大津地裁	関西電力	美浜3，大飯3・4，高浜1〜4	再稼働禁止，運転禁止	
名古屋高裁金沢支部	関西電力	美浜3号機	運転禁止仮処分	×福井地裁
大阪高裁	国	大飯3・4号機	設置変更許可処分取消	○大阪地裁
京都地裁	国・関西電力	大飯1〜4号機	運転差止等	
東京高裁	中部電力	浜岡3・4号機	運転差止	×静岡地裁
静岡地裁	中部電力	浜岡3〜5号機	運転終了・廃炉等	
静岡地裁浜松支部	中部電力	浜岡3〜5号機	永久停止	
広島高裁松江支部	中国電力	島根1・2号機	運転差止	×松江地裁
松江地裁	国・中国電力	島根3号機	設置許可処分無効確認等	
松山地裁	四国電力	伊方1〜3号機	運転差止	
広島地裁	四国電力	伊方1〜3号機	運転差止等	
福岡高裁	四国電力	伊方3号機	運転差止	×大分地裁
山口地裁岩国支部	四国電力	伊方3号機	運転差止	
福岡高裁	九州電力	玄海3，4号機	運転差止	×佐賀地裁
福岡高裁	国	玄海3，4号機	設置変更許可処分取消	×佐賀地裁
佐賀地裁	国・九州電力	玄海1〜4号機	操業停止等	
鹿児島地裁	国・九州電力	川内1，2号機	操業停止等	
福岡高裁	国	川内1，2号機	設置変更許可処分取消	×福岡地裁

表 7　原発建設に至らなかった地点

所在地	電力会社	原発名	計画発覚年	撤回決定
北海道	北海道電力	稚内 大成	1975 以前？ 1976-80	
		浜益	1975 以前	1997 年 9 月，用地を地権者に返却
		鳥牧 北檜山 松前	1975 以前	
青森県	東北電力	市浦 蒲野沢 野牛 下北 上北	1975 以前	
秋田県		浅内 鶴岡		
岩手県		田老 本波 田野畑		
新潟県		巻	1969(火力)	1983 年に電調審に上程されるがその後安全審査が中断．1996 年，住民投票で反対過半数．2003 年 12 月東北電力が断念表明
福島県		浪江・小高	1976	反対派が土地を共有．2013 年 3 月，震災後の状況を踏まえて東北電力が撤回表明
石川県	北陸電力	白丸(珠洲) 富来(珠洲)	1975 以前	
三重県	中部電力	熊野	1971	1987 年 9 月，市議会が 4 度目の拒否決議
		芦浜	1963	住民投票条例制定．2000 年 2 月，県知事が白紙撤回表明
		海山	1981	2001 年 11 月，住民投票で反対過半数
和歌山県	関西電力	那智勝浦	1969	1971 年，反対に逆転
		古座	1968	2006 年，関西電力が断念
		日高	1975(1960？)	1990 年 9 月，反対派町長当選
		日置川	1976	1988 年 7 月，反対派町長当選
兵庫県		香住	1975 以前	1970 年，町議会全員協議会で棚上げ
		浜坂	1969(火力)	1973 年，町議会で原発反対請願採択

所在地	電力会社	原発名	計画発覚年	撤回決定
京都府		久美浜	1975	2004年に合併で京丹後市に．市長が2006年2月調査申し入れ撤回表明，翌月関電が計画中止発表
岡山県		鹿ケ居島	1975以前	
鳥取県	中国電力	青谷	1981	1982年，町議会が反対決議．1989年，反対派が土地共有
島根県		黒松 高津	1975以前	
山口県		田万川		
		豊北	1975以前	要対策重要電源にいったんは指定されるがのちに解除．1978年6月，町長・町議会が建設拒否を回答
		上関	1981	要対策重要電源に指定．2013年現在，「建設準備中」
		萩	1982	1995年3月，市が対策事務局を廃止
徳島県	四国電力	阿南	1976	1979年6月，県・市が白紙撤回を四国電力に通知
愛媛県		津島	1975以前	1968年1月，四国電力が計画断念
徳島県		日和佐 海南	1975以前	
高知県		佐賀		
		窪川	1976-80	反対派町長当選，住民投票条例制定等を経て1990年12月，県議会が立地調査協定撤回を決議
福岡県	九州電力	志摩 値賀崎 小金丸	1975以前？ 1975以前	
大分県		高山(蒲江町) 蒲江	1960年代 1981以降	1994年3月，蒲江町議会が反対決議
宮崎県		砂土原	1975以前	
熊本県		天草		
鹿児島県		内之浦		
宮崎県		串間	1992	1997年3月，九州電力が計画白紙・再検討を申し入れ

平林祐子「「原発お断り」地点と反原発運動」『大原社会問題研究所雑誌』No. 661，38-39頁

（1）　２０２３年11月17日ノーモア原発公害市民連絡会発足総会における衆議院第一議員会館での講演録、同会の２０２４年３月10日の落合第一地域センター、同年６月16日の明治大学リバティータワーにおける講演録等。

（2）　マグニチュードは地震の大きさを示す単位である。マグニチュードは0・2大きいと2倍、1大きいと32倍、２大きいと１０００倍のエネルギー量となる。

（3）　原発推進派はもちろんのこと、脱原発派を含め、少しでも原発に関心を持った人の多くがそのように思い込んでいる。原発推進勢力が広く伝えている言説の中で最も信じられているものである。なぜ信じられたのかというと、この言説が私たちの感覚に合っている上に、間違っていることの中に正しいことが混在しているためと思われる。前記の主張は、次の４つの命題から成り立っている。①地震計は普通の地面の上に設置されており、地表面での揺れを計測している、②すべての原発の原子炉は固い岩盤に建っている、③原発の基準地震動は岩盤を基準としている、④岩盤の揺れは普通の地表面の揺れよりも遥かに小さい、の４つである。このうち、①、③の命題は正しい。しかし、約半数の原発は岩盤に直接建っているが、残りの半数は岩盤の上に建っていないので、②の命題は間違っている。そして、④の命題も確たる法則性がないことから間違っているのである。

（4）　『私が原発を止めた理由』（旬報社、２０２１年）
『南海トラフ巨大地震でも原発は大丈夫と言う人々』（旬報社、２０２３年）
『原発を止めた裁判官による　保守のための原発入門』（岩波書店、２０２４年）

（5）　上岡直見『原子力防災の虚構』（緑風出版、２０２４年）による。

（6）　広島市では、１９４５年8月６日の原爆投下時に郊外などにいたが、8月20日までに爆心地から2キロ以内に入った人を「入市被爆者」とし、被爆者健康手帳が交付されている。この一事を見ても放射性物質の怖さが分かるはずである。

樋口英明

1952年三重県生まれ．京都大学法学部卒業．1983年裁判官任官，大阪高裁，名古屋地裁，名古屋家裁部総括判事などを歴任．2017年定年退官．
著書に『私が原発を止めた理由』(旬報社，2021年)，『南海トラフ巨大地震でも原発は大丈夫と言う人々』(旬報社，2023年)，『原発を止めた裁判官による 保守のための原発入門』(岩波書店，2024年)．

原発と司法
――国の責任を認めない最高裁判決の罪　　岩波ブックレット 1103

2025年1月7日　第1刷発行
2025年6月5日　第5刷発行

著　者　樋口英明（ひぐちひであき）

発行者　坂本政謙

発行所　株式会社 岩波書店
〒101-8002 東京都千代田区一ツ橋 2-5-5
電話案内 03-5210-4000　営業部 03-5210-4111
https://www.iwanami.co.jp/booklet/

印刷・製本　法令印刷　　装丁　副田高行　　表紙イラスト　藤原ヒロコ

ISBN 978-4-00-271103-4　　Printed in Japan

読者の皆さまへ

岩波ブックレットは，タイトル文字や本の背の色で，ジャンルをわけています．

赤系＝子ども，教育など
青系＝医療，福祉，法律など
緑系＝戦争と平和，環境など
紫系＝生き方，エッセイなど
茶系＝政治，経済，歴史など

これからも岩波ブックレットは，時代のトピックを迅速に取り上げ，くわしく，わかりやすく，発信していきます．

◆岩波ブックレットのホームページ◆

岩波書店のホームページでは，岩波書店の在庫書目すべてが「書名」「著者名」などから検索できます．また，岩波ブックレットのホームページには，岩波ブックレットの既刊書目全点一覧のほか，編集部からの「お知らせ」や，旬の書目を紹介する「今の一冊」，「今月の新刊」「来月の新刊予定」など，盛りだくさんの情報を掲載しております．ぜひご覧ください．

▶岩波書店ホームページ　https://www.iwanami.co.jp/ ◀
▶岩波ブックレットホームページ　https://www.iwanami.co.jp/booklet ◀

◆岩波ブックレットのご注文について◆

岩波書店の刊行物は注文制です．お求めの岩波ブックレットが小売書店の店頭にない場合は，書店窓口にてご注文ください．なお岩波書店に直接ご注文くださる場合は，岩波書店ホームページの「オンラインショップ」（小売書店でのお受け取りとご自宅宛発送がお選びいただけます），または岩波書店〈ブックオーダー係〉をご利用ください．「オンラインショップ」，〈ブックオーダー係〉のいずれも，弊社から発送する場合の送料は，1回のご注文につき一律650円をいただきます．さらに「代金引換」を希望される場合は，手数料200円が加わります．

▶岩波書店〈ブックオーダー〉　☎04(2951)5032　FAX 04(2951)5034 ◀

岩波ブックレット

1101

国際法からとらえるパレスチナQ&A——イスラエルの犯罪を止めるために　ステファニー・クープ

多数の子ども・民間人が殺される事態は犯罪ではないのか？　国際法の専門家が明快に解説する。国際法での犯罪とは？　歴史的にみて現状は？　事態を国際法で捉える私たちの声が、力の支配を終わらせる。用語解説・年表付。

1100

「キャリアデザイン」って、どういうこと？——過去は変えられる、正解は自分の中に　武石恵美子

「自分が何をしたいかわからない」「一度就職したけど転職したい」。市場が流動し、従来の方法が通用しない今日、人生設計は自分の深層と向き合うことが不可欠だ。「個性を人生にする」ための知恵が詰まった一冊！

1099

イスラエルとパレスチナ——ユダヤ教は植民地支配を拒絶する　ヤコヴ・ラブキン／鵜飼哲 訳

イスラエルとはどのような国家なのか。その行動原理は。ガザのジェノサイドをもたらしているのは「ユダヤ人国家」を僭称する植民地主義のシオニストたちである。在カナダのユダヤ教徒にして歴史学者による、渾身の批判。

1098

ナチスに抗った教育者——ライヒヴァインが願ったこと　對馬達雄

ナチス政権下で密かな抵抗を続けた一人の教師アドルフ・ライヒヴァインの生涯と実践の試みから、私たちは何を学べるだろうか。暗い時代に輝き芽吹いた小さな村の学校の営みから、教育の不易の姿を描き出す。

1097

引き揚げを語る——子どもたちの戦争体験　読売新聞生活部 編

「それからのことはどうしても思い出せないんです」「人の死がありふれていました」——。引き揚げ体験の証言が大きな反響を呼び投稿が相次いだ連載企画に、識者インタビュー、記念資料館案内、ブックガイドを増補。

1096

ガザからの報告——現地で何が起きているのか　土井敏邦

イスラエル軍の攻撃が続くパレスチナ・ガザ地区では、民間人を中心とする死者が三万人を超え、多くの人が家を追われ、飢餓状態に追い込まれている。現地ジャーナリストの「報告」を通して、戦禍に苦しむ人びとの声を伝える。

1095

データから読む　都道府県別ジェンダー・ギャップ——あなたのまちの男女平等度は?

共同通信社会部ジェンダー取材班 編

男女平等度の指標で日本は世界最低レベル⁉　原因を足元から探るため、都道府県ごとに政治、行政、教育、経済の四分野を分析し，課題や強みを可視化。データを「ツール」に誰もが生きやすい社会へのヒントを示す。

1094

農業が温暖化を解決する！——農業だからできること

枝廣淳子

農業は温暖化に脆弱な「被害者」である一方で、温室効果ガスを排出する「加害者」でもあるが、これからは救世主にもなりうる！　世界で広がる「環境再生型農業」の取り組みを紹介し、新時代の農業のあり方をともに考える。

1093

選択的夫婦別姓　これからの結婚のために考える、名前の問題

寺原真希子、三浦徹也

あなたは知っていますか？　夫婦で名前を統一しなければならないのは、世界中で日本だけだということを。あなたはどうしますか？　結婚するために自分の名前を失うとしたなら。名前をもつ全ての人へ贈る、「名前と法」の入門書。

1092

現場から考える　国語教育が危ない！——「実用重視」と「読解力」

村上慎一、伊藤氏貴

「ＰＩＳＡ型学力」にも合致した、新たな学習指導要領が「情報検索や実用性の偏重」と批判されてから数年が経ち、現場はどうなったのか。中学、高校、大学で幅広い実地経験をもつ教育者二人が問題提起。

1091

教育ＤＸと変わり始めた学校——激動する公教育の現在地

佐藤明彦

デジタルツール導入に伴う学びの変革は、従来の学校を一変させつつある。公教育と日本社会を変えていく教育ＤＸの可能性について、取材歴二〇年超の教育ジャーナリストが、その変革の現在と展望を描く。

1090

トランスジェンダーと性別変更——これまでとこれから

高井ゆと里 編

生殖不能要件は憲法違反——長く放置されてきた人権侵害を是正するため、「性同一性障害特例法」の改正がいま求められている。私たちに必要な基礎知識を、高井ゆと里、野宮亜紀、立石結夏、谷口洋幸、中塚幹也が解説。